Hesse/Schrader



# Das 1x1 der erfolgreichen schriftlichen Bewerbung

berufsstrategie

- ✔ Aufbau und Gestaltung
- ✔ Musterbeispiele
- ✔ Internetbewerbung

Eichborn

**Die Autoren**

Jürgen Hesse, Jahrgang 1951, Diplompsychologe
und Geschäftsführer im Büro für Berufsstrategie, Berlin.

Hans Christian Schrader, Jahrgang 1952,
Diplompsychologe in Berlin.

Anschrift der Autoren
Hesse/Schrader
Büro für Berufsstrategie
Oranienburger Straße 4–5
10178 Berlin
Tel. (0 30) 28 88 57-0
Fax (0 30) 28 88 57-36
www.berufsstrategie.de

3. Auflage 2010


Umschlaggestaltung: Christina Hucke
Satz: Oliver Schmitt
Druck und Bindung: Fuldaer Verlagsanstalt
ISBN 978-3-8218-5964-4



Eichborn Verlag, Kaiserstraße 66, D-60329 Frankfurt am Main
Mehr Informationen zu Büchern und Hörbüchern aus
dem Eichborn Verlag finden Sie unter www.eichborn.de

# Inhalt

# Das 1x1 der schriftlichen Bewerbung

Es ist nicht leicht, sich zu bewerben. Dabei gilt es, viele Spielregeln zu beachten, um sich selbst und seine Fähigkeiten optimal zu präsentieren. Eine solche »Werbung in eigener Sache« ist eine Herausforderung, auf die Sie sich gezielt vorbereiten müssen. Wir unterstützen Sie mit diesem Buch. Uns geht es darum, Ihnen Orientierung zu geben und das richtige Bewusstsein zu vermitteln, damit Sie sich erfolgreich bewerben.

Warum bekommt jemand überhaupt einen Job? Dafür gibt es vor allem drei Gründe:

1. Man hat besondere Fähigkeiten, verfügt über Erfahrungen bei der Lösung von Problemen. Man kann also helfen (Kompetenz).
2. Man ist hoch motiviert, will etwas bewegen, macht einen engagierten Eindruck (Leistungsmotivation).
3. Man passt in das bestehende Team, ist sympathisch und vertrauenswürdig (Persönlichkeit).

Diese drei Eigenschaften sind die Merkmale oder auch Weichensteller, auf die Arbeitgeber achten. Menschen, die sie erfüllen, werden gesucht.

## Die Zauberformel

**Kompetenz**
+
**Leistungsmotivation**
+
**Persönlichkeit**
=
**Bewerbungserfolg**

Diese drei Punkte sollten Sie klar herausstellen, damit Ihre Bewerbung Erfolg hat. Das jedenfalls zeigt unsere über 25-jährige Erfahrung in der Bewerberberatung.

**Wichtig:** Verdeutlichen Sie sich, welche Aufgabe Ihre Bewerbungsunterlagen haben. Das Ziel ist erst einmal nicht der neue Job, sondern die Einladung zum Vorstellungsgespräch.

Damit Sie unter den vielen Bewerbern ausgewählt und eingeladen werden, müssen die Personalentscheider neugierig auf Sie werden. Ihre Unterlagen sollten also angenehm auffallen und dem Empfänger einen ersten Eindruck Ihrer Problemlösefähigkeiten, aber auch ein gutes Gefühl bezogen auf Ihre Person verschaffen. Dabei ist Ihr Lebenslauf das, was den Arbeitsplatzanbieter am meisten interessiert.
Ihr *beruflicher* Werdegang soll vor allem Auskunft

darüber geben, was Sie aktuell leisten und wie es dazu gekommen ist. So kann der Personalentscheider sicherer abschätzen, ob und welche Aufgaben man Ihnen zutrauen kann.

Wir zeigen Ihnen nun, wie Sie sich mit Ihren Bewerbungsunterlagen positiv von der Masse abheben: durch einen besonders gut durchdachten Lebenslauf, ein interessantes Anschreiben, eine außergewöhnliche Anordnung der Dokumente und mit einem beeindruckendem sympathischen Foto.

**Wichtig:** Heben Sie Ihre besonderen Fähigkeiten deutlich heraus. Worin unterscheiden Sie sich positiv von anderen Bewerbern? Was ist also Ihr Alleinstellungsmerkmal? Stellen Sie verständlich dar, dass Sie etwas Besonderes für den Anbieter des Arbeitsplatzes tun können.

Diese Fragen bringen Sie voran:

- Welche Fähigkeiten und Qualifikationen haben Sie?
- Warum sollte man sich für Sie entscheiden?
- Was können Sie besser als andere Bewerber?

Wir möchten Ihnen nun zwei Musterbewerbungen zeigen. Unsere Kommentare zu den einzelnen Punkten stehen direkt daneben. So können Sie auf einen Blick sehen, worauf es ankommt.

Die folgenden Bewerbungsbeispiele zeigen Ihnen, wie sich zwei Bewerber auf dieselbe Stellenanzeige als Sachbearbeiter/-in beworben haben.

Beide Bewerbungen sind gute Muster dafür, wie eine gelungene Bewerbung aussehen kann.

**Qualifizierte Sachbearbeiter**
(Vollzeit, befristet)

zur Verstärkung der Personalabteilung in unserem expandierenden Chemie-Unternehmen gesucht

Erforderlich sind:
kaufmännische Ausbildung
gute EDV-Kenntnisse
Eigeninitiative und Flexibilität
sehr gute Englischkenntnisse

Ihre Bewerbung richten Sie bitte an:
Kemper & Söhne GmbH, Personalabteilung,
Herr J. Kemper, Kuckuckweg 69,
86169 Augsburg, Tel.: 0711 4021177

Claudia Franck – Herzfel[illegible] – 22149 Hamburg – Tel.: 040 25436897 – claudia.franck@gmx.de

Kemper & Söhne GmbH
Personalabteilung
Herrn J. Kemper
Kuckuckweg 69
86169 Augsburg

Hamburg, 15.10.2008

**Bewerbung als Sachbearbeiterin**
**Ihre Anzeige in der Süddeutschen Zeitung vom 10.10.2008**

Sehr geehrter Herr Kemper,

Ihre ausgeschriebene Stelle als Sachbearbeiterin zur Verstärkung Ihrer Personalabteilung entspricht meinen beruflichen Fähigkeiten und Vorstellungen. Da ich eine neue berufliche Herausforderung suche sowie aus privaten Gründen in den Raum Augsburg wechseln möchte, bin ich an der Mitarbeit in Ihrem Unternehmen sehr interessiert.

Ich verfüge über eine Ausbildung zur Industriekauffrau und über langjährige Berufserfahrung im Personalwesen. Zurzeit befinde ich mich in ungekündigter Anstellung in der Abteilung Personalentwicklung eines Chemieunternehmens und betreue eigenverantwortlich die Bereiche Public Relations und interne Kommunikation.

Aufgrund meiner vielseitigen Berufserfahrung besitze ich eine ausgeprägte Organisations-, Kommunikations- sowie Teamfähigkeit. Eigeninitiative, Flexibilität und Zuverlässigkeit können Sie bei mir ebenso voraussetzen wie ein freundliches Auftreten und eine selbstständige Arbeitsweise. Der Umgang mit der EDV, den gängigen MS-Office-Anwendungen und den üblichen Kommunikationsmitteln ist für mich selbstverständlich.

Über eine Einladung zum Vorstellungsgespräch freue ich mich und verbleibe mit freundlichen Grüßen

Claudia Franck

Anlagen

**Unser Kommentar**

**Absender:** einfach, aber nicht unelegant gestaltet. Schöne Idee! Handy muss nicht immer sein.
**Empfänger:** wird namentlich genannt.
**Ort/Datum:** sind nicht nur richtig geschrieben, auch stimmig platziert.
**Betreffzeile:** ist nicht zu kurz gefasst und hat eine gut gestaltet Aufteilung.
**Anrede:** namentlich, wie im Empfängerfeld. Sehr gut!
**Inhalt:** guter Einstieg mit Motivationserklärung, gelungene Kurzvorstellung (oder Zusammenfassung), die interessant klingt und Lust auf mehr macht.
Im weiteren Text geht die Bewerberin darauf ein, wieso sie für diese Tätigkeit besonders geeignet ist.
**Absätze:** sind gut strukturiert. Drei Hauptabsätze, die die wichtigsten Informationen beinhalten, und auf die gewünschten Anforderungen der Stellenanzeige eingehen.
**Länge:** genau richtig. Eine DIN A4 Seite, nicht zu voll geschrieben und übersichtlich.
**Unterschrift:** vorbildlich! Vor- und Zuname sind leserlich geschrieben.
**Anlagen:** allein das Wort »Anlagen« reicht bereits schon aus.
**Gestaltung:** übersichtlich und ansprechend.

**Aufteilung:** sehr angenehm! Keine Bleiwüste, dafür viel weiße Fläche, leichte Lesekost mit eleganter Kopfzeile, die wir schon aus dem Anschreiben kennen.
**Bemerkenswert:** ist die erste Seite des »beruflichen Werdegangs«. Sie kommt einfach ohne die übliche Überschrift »Lebenslauf« aus. Interessante Gestaltung – so geht es auch. Die persönlichen Daten kommen auch ohne weitere Vorerklärung (Name: / Geburtsdatum: / Familenstand:) bestens aus.
Die angenehme und schlichte Kopfzeile, die sich auf allen Seiten wiederholt, verleiht den Unterlagen eine einheitliche Gestaltung.
Die Auflistung der Berufsstationen führt vom Jetzt in die Vergangenheit. Sehr gut, da die aktuelle berufliche Position für die ausgeschriebene Stelle am aussagekräftigsten ist.
**Die Stationen:** sind angemessen beschrieben. Alle Berufsstationen werden auf einer Seite abgehandelt. Dies ist übersichtlich und macht Lust auf mehr.

Claudia Franck – Herzfeld 13 – 22149 Hamburg – Tel.: 040 25436897 – claudia.franck@gmx.de

Claudia Franck
geboren am 27. September 1965 in Hamburg
unverheiratet, keine Kinder

**Beruflicher Werdegang**

04/2001 – heute
Berliner Chemie AG, Berlin
- Personalentwicklung
  Public Relations, interne Kommunikation

04/1997 – 03/2001
Pharma Grün, München
- Informationsmanagement
  Informationsplanung, Organisation, Fachkorrespondenz, Erstellung von Werbemitteln

06/1997 – 03/2001
Institut für Dokumentation, München
- Ausbildung u. Anerkennungsjahr
  als staatlich geprüfte Dokumentarin
  Schulung in Informationsmanagement, EDV und Wirtschaftsenglisch

10/1992 – 04/1997
Chemie AG, München
- Chefsekretärin

1988 – 1992
Heidenreich GmbH, Hamburg
- Industriekauffrau

Claudia Franck – Herzfeld 3 – 22149 Hamburg – Tel.: 040 25436897 – claudia.franck@gmx.de

**Schulische und berufliche Ausbildung**

| | |
|---|---|
| 1989 – 1992 | Staatliches Abendgymnasium, Hamburg<br>Abschluss: Abitur |
| 1985 – 1988 | Ausbildung zur Industriekauffrau, Hamburg |
| 1975 – 1985 | Hauptschule, Hamburg |

| | |
|---|---|
| **Sprachkenntnisse** | Sehr gute Englischkenntnisse in Wort und Schrift<br>Grundkenntnisse in Spanisch |
| **EDV-Kenntnisse** | MS Office, Internet, E-Mail |
| **Kurzschrift** | Sehr gute Stenografiekenntnisse und schreibtechnische Fähigkeiten |
| **Führerschein** | Klasse B |
| **Engagement** | Ehrenamtliche Kursleiterin für Nordic Walking und Wassergymnastik im Kolpinghaus |
| **Interessen** | Nordic Walking, Wassersport, Literatur |

Hamburg, 15. Oktober 2008

Claudia Franck

**Weitere Stationen:** sind durchdacht abgehandelt (Schul- und Berufsausbildung gemeinsam).
**Zusatzinformationen:** von den Sprachkenntnissen bis zu den Interessen wird alles aufgeführt. Bemerkenswert!
**Unterschrift:** genau so macht man es! Leserlich und mit Vor- und Zuname.
**Fazit:** ein gut gelungener Lebenslauf.

**Unser Kommentar**

**Absender:** ist grafisch ansprechend gestaltet.
**Datum:** korrekt platziert.
**Betreffzeile:** gibt die wichtigsten Informationen wieder.
**Anrede:** persönliche Anrede des Ansprechpartners. Gut! Leider hat der Kandidat nicht vorab mit dem Ansprechpartner telefoniert. Aus der Stellenanzeige ist der Name jedoch bekannt.
**Inhalt:** Herr Hämmerle stellt sich kurz vor und schließt selbstbewusst mit der Formulierung »... über eine Einladung freue ich mich«. Ob er bereits hier mehr zu seinem aktuellen Status (arbeitslos, aber in Fortbildung) hätte mitteilen sollen, darüber kann man unterschiedlicher Meinung sein. Er hat eine interessante Vortragsform gefunden und umgeht auf den nachfolgenden Seiten geschickt das problematische Thema seiner Arbeitslosigkeit.
**Länge:** genau richtig.
**Absätze:** sind gut strukturiert und beinhalten die wichtigsten Informationen.
**Anlagen:** allein das Wort »Anlagen« reicht aus.
**Gestaltung:** ist ansprechend und wird positive Aufmerksamkeit erwecken.

MICHAEL HÄMMERLE
Industriekaufmann

Torgauer Str. 50
80993 München
Tel: 089 25634580
m.haemmerle@gmx.de

Kemper & Söhne GmbH
Personalabteilung
Herrn J. Kemper
Kuckuckweg 69
86169 Augsburg

15.10.08

**Ihre Anzeige in der Süddeutschen Zeitung vom 10.10.2008**
**Sachbearbeiter**

Sehr geehrter Herr Kemper,

in der oben angeführten Anzeige beschreiben Sie einen Arbeitsbereich, der mich in höchstem Maße interessiert und auch meinen Fähigkeiten und Neigungen voll entspricht.

Kurz zu meiner Person:
Ich bin ausgebildeter Industriekaufmann und habe mich im Bereich Informationsmanagement erfolgreich weitergebildet. Langjährige umfassende Erfahrungen in Büro-Administration und anspruchsvoller, selbstständiger Sachbearbeitung in der Chemiebranche ergänzen mein Tätigkeitsprofil.

Aktuell befinde ich mich in einer vom Arbeitsamt geförderten EDV-Fortbildungsmaßnahme und könnte Ihnen deshalb auch sehr kurzfristig zur Verfügung stehen.

Über eine Einladung zum Vorstellungsgespräch freue ich mich und verbleibe
mit freundlichen Grüßen aus München

Michael Hämmerle

Anlagen

MICHAEL HÄMMERLE
Industriekaufmann

Torgauer Str. 50
80993 München
Tel: 089 25634580
m.haemmerle@gmx.de

Bewerbung als
Sachbearbeiter bei der

**KEMPER & SÖHNE GMBH**

**Deckblatt:** ansprechende grafische Gestaltung. Sehr schön ist die konsequente Fortsetzung des Briefkopfes. Das quadratische Fotoformat (kein Automatenbild!) wirkt sehr professionell und ist ein echter »Hingucker«! Herr Hämmerle erscheint auf dem Bild jung und dynamisch und der Betrachter wird sich länger mit diesem Menschen beschäftigen wollen.

**Überschrift:** die für die berufliche Entwicklung gewählte knappe Präsentationsform kommt ohne die traditionelle Überschrift »Lebenslauf« aus (bravo!) und beinhaltet ein gutes Maß an Information.
**Aufbau:** die Themenabfolge »Beruf«, »Schule und Berufsausbildung« überzeugt sofort.

**MICHAEL HÄMMERLE**

Industriekaufmann
geboren 21.11.1977 in Heilbronn
verheiratet, ein Kind

angestrebte Tätigkeit: Sachbearbeiter
aktuelle Situation: EDV-Fortbildung

BERUFSERFAHRUNG

| | |
|---|---|
| 07/2003–02/2008 | Nagel Kartonagen GmbH<br>Esslingen<br>Position: Informationsmanagement<br>Datenbankarbeit, Fachkorrespondenz, Öffentlichkeitsarbeit |
| 10/2000–06/2003 | Elektroanlagen Jakob<br>Mannheim<br>Position: Personalverwaltung |
| 1997–1999 | Krauss Maschinenbau AG<br>Mannheim<br>Industriekaufmann |

SCHUL- UND BERUFSAUSBILDUNG

| | |
|---|---|
| 03/2001–09/2003 | »Personalverwaltung und Personalmanagement«<br>Fachkurs des Instituts für Weiterbildung<br>Mannheim |
| 1993–1997 | Ausbildung zum Industriekaufmann<br>bei der Krauss Maschinenbau AG<br>Mannheim |
| 1972–1982 | Haupt- und Handelsschule<br>Heilbronn |

SPRACHKENNTNISSE

gute Englischkenntnisse in Wort und Schrift
sehr gute Orthografie-, Interpunktions- und Grammatikkenntnisse der deutschen Sprache
eigenständige Korrespondenzerfahrung

EDV-ERFAHRUNG

MS Office Professional mit Textverarbeitung, Tabellenkalkulation und Datenbankprogramm, aktuelle Fortbildung EDV beim Arbeitsamt Esslingen seit 04/2008

FÜHRERSCHEIN
Klasse B

ENGAGEMENT
Mitglied im Heimatkundlichen Verein Esslingen

INTERESSEN
Bergsteigen, Schach

ZU MEINER PERSON

Mein Lebenslauf steht für kontinuierliche Weiterbildung, Leistungsbereitschaft und Lernfähigkeit.

Ich verfüge über fundierte Erfahrungen in den Bereichen Organisation und Administration. Zu betonen sind meine guten Sprachkenntnisse und deren Anwendungssicherheit.

Die Arbeit hat in meinem Leben einen besonderen Stellenwert, sodass konkrete berufliche Ziele für mich eine wichtige Rolle spielen. Ich möchte mich sehr gern mit vollem Engagement der von Ihnen beschriebenen Aufgabe widmen.

Esslingen, 15. Oktober 2008

**Aufbau:** die Abschnitte »Engagement« und »Interessen« führen sicherlich zu Nachfragen während des Vorstellungsgesprächs.
**Bemerkenswert:** diese Seite überrascht. Zunächst wurden die Rubriken Sprachkenntnisse, EDV, Führerschein, Engagement und Interessen gelungen abgehandelt.
Im Zentrum der Aufmerksamkeit steht jedoch sofort der Fließtext am Ende der Seite mit der Überschrift »Zu meiner Person«, der das Auge des Betrachters fesselt.
Da verweilt man gerne einen entscheidenden Moment länger.
Dieser Absatz macht neugierig. Drei kurze Textpassagen lässt man sich nicht entgehen und so gelangen wertvolle Botschaften ins Bewusstsein des Lesers.
Das unten angefügte Statement ist nicht nur außergewöhnlich, sondern auch ein guter Grund für eine Einladung zum Vorstellungsgespräch.

**Anlagenverzeichnis:** rundet die Bewerbung ab. Sehr gut und sinnvoll ist die Abfolge der Anlagen: Erst die Arbeitszeugnisse und darauf folgend die Prüfungszeugnisse. Natürlich fehlen nur hier im Buch aus Platzgründen die genannten Anlagen.

ANLAGEN

**Arbeitszeugnisse**

Nagel Kartonagen GmbH, Esslingen

Elektroanlagen Jakob, Mannheim

Krauss Maschinenbau AG, Mannheim

**Prüfungszeugnisse**

Institut für Weiterbildung, Mannheim

Industrie- und Handelskammer Mannheim

# Jobsuche und Jobchancen

Bevor Sie sich schriftlich bewerben, gilt es zu entscheiden, was für eine Art Arbeit Sie bevorzugen und wo Sie diese suchen wollen. Dazu können Sie sich beispielsweise Stellenanzeigen in Zeitungen anschauen, um festzustellen, was Sie anspricht und warum. Die Dinge, die für Sie an einem Job wichtig sind, schreiben Sie auf. So finden Sie nach und nach heraus, was Sie wollen und welche Arbeitgeber für Sie infrage kommen.

Haben Sie ermittelt, welche Aufgaben und welche Position Sie anstreben, können Sie auf verschiedenen Wegen geeignete Arbeitgeber ansprechen:

- Freunde und Bekannte um Unterstützung bei Ihrer Jobsuche bitten
- auf Stellenangebote in Zeitungen und Zeitschriften antworten
- eigene Stellengesuche aufgeben
- im Internet auf Stellenanzeigen antworten, z. B. bei Jobbörsen
- eigene Stellengesuche oder Profile bei Jobbörsen hinterlegen
- sich initiativ bei Unternehmen Ihrer Wahl bewerben

**TIPP**

Der sicherste Weg zum Vorstellungsgespräch führt über Bekannte oder über Bekannte von Bekannten, die Ihren Wunscharbeitgeber kennen. Jede Person, die Sie kennen, kommt als Kontaktvermittler infrage.

Nutzen Sie Ihre persönlichen und beruflichen Kontakte: Je mehr Menschen wissen, dass Sie einen neuen Arbeitsplatz suchen, desto schneller werden Sie einen finden. Bitten Sie Freunde, Verwandte sowie (ehemalige) Arbeitskollegen und Bekannte um Unterstützung und gezielte Hinweise. Bestimmt weiß jemand, wo Leute mit Ihren Fähigkeiten eingestellt werden, oder kennt Firmen- oder Personalchefs, mit denen Sie sprechen könnten. Überlegen Sie, wen Sie ansprechen, und erstellen Sie eine Liste dieser Personen.

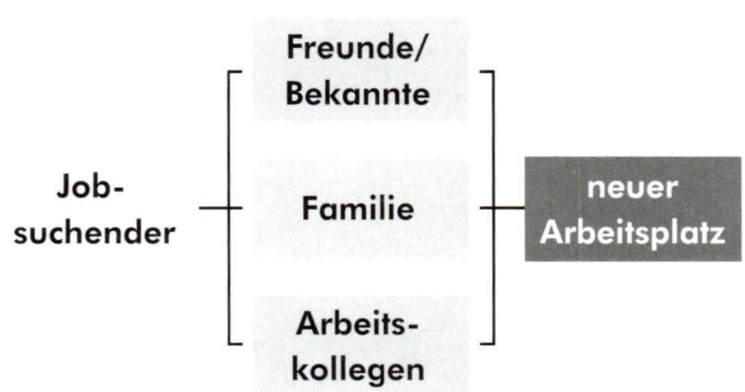

## Stellenanzeigen in Tageszeitungen

Sie finden Stellenangebote in fast allen deutschen Tageszeitungen. Es gibt drei Varianten:

- Anzeigen, die eine direkte Kontaktaufnahme mit der Firma ermöglichen.
- Anzeigen, bei denen eine Personalberatungs- und Vermittlungsfirma zwischengeschaltet ist, die im Auftrag des Arbeitgebers die erste Bewerberauswahl übernimmt.
- Anzeigen, deren Auftraggeber unerkannt bleiben will und nur über Chiffrezuschrift an die Zeitung erreicht werden kann.

**Checkliste:** So analysieren Sie eine Stellenanzeige

- ✓ Wie wirkt die Anzeige auf Sie (Format, Gestaltung, Text)?
- ✓ Um was für ein Unternehmen handelt es sich (Kleinbetrieb, Mittelständler, Konzern, öffentlicher Dienst)?
- ✓ Wie stellt sich das Unternehmen dar (modern, international, konservativ)?
- ✓ Was wird zu den Produkten oder Dienstleistungen ausgesagt?
- ✓ Können Sie mit der Aufgabenbeschreibung, dem zukünftigen Tätigkeitsfeld etwas anfangen?
- ✓ Sind die beruflichen und persönlichen Anforderungen an den Bewerber klar zu verstehen?
- ✓ Werden berufliche Spezialkenntnisse verlangt?
- ✓ Werden besondere Persönlichkeitsmerkmale angesprochen?
- ✓ Welche Anforderungen (fachlich wie persönlich) erfüllen Sie?
- ✓ Welche Anforderungen werden Sie in naher Zukunft erfüllen können?
- ✓ Welche Anforderungen erfüllen Sie nicht und warum nicht?
- ✓ Was wird dem zukünftigen Mitarbeiter geboten?
- ✓ Wie sind diese Kriterien geregelt: Erfahrung, Mindest- oder Höchstalter, Arbeitszeit, Mobilität, Fortbildung, Entwicklungschancen?
- ✓ Und diese: Bewerbungsfrist, Bezahlung, Eintrittstermin, Einarbeitung?
- ✓ Können Sie sich eine Mitarbeit in diesem Unternehmen vorstellen?
- ✓ Können Sie sich eine Bewerbung für diese Stelle/Position vorstellen?
- ✓ Was könnten Sie dem Unternehmen in fachlicher wie auch in persönlicher Hinsicht anbieten?
- ✓ Was wissen Sie bereits über das Unternehmen und wo können Sie weitere Informationen erhalten?
- ✓ Sind in der Anzeige Ansprechpartner, Adresse, Telefon, Webseite benannt?
- ✓ Verspüren Sie Lust und macht es Sinn, sich mit der Anzeige und weiteren Recherchen dazu zu beschäftigen? Warum ja, warum nein?

Schauen Sie sich die Anzeigen an, die für Sie infrage kommen, und notieren Sie sich die wichtigsten Punkte, die Sie ansprechen. Dann können Sie in Ihrer Bewerbung auch besser auf das Unternehmen und seine Wünsche eingehen. Die Checkliste hilft Ihnen, Stellenanzeigen zu untersuchen.

**Wichtig:** Lassen Sie sich weder blenden noch verunsichern oder von Anzeigenformaten und »ausführlichsten« Anforderungen entmutigen.

Hier gilt das Gleiche wie für Sie als Bewerber: ein schlechter Text bedeutet nicht automatisch eine schlechte Firma bzw. Aufgabe und umgekehrt, ein guter Text ist keine Garantie, dass die Arbeitswirklichkeit auch tatsächlich so aussieht.

## Arbeitsmärkte im Internet

Immer mehr Unternehmen nutzen das Internet, um neue Mitarbeiter anzuwerben. Über 90 Prozent der 1.000 größten deutschen Unternehmen veröffentlichen ihre Stellenausschreibungen (auch) auf der eigenen Webseite. Über 70 Prozent der Unternehmen nutzen regelmäßig die kommerziellen Jobbörsen im Internet. Und wer den möglichen Arbeitgeber bereits kennt, findet auf der firmeneigenen Webseite neben aktuellen Jobangeboten auch interessante Informationen zu neuen Projekten, Firmenphilosophie oder Mitarbeiterzahlen.

Inzwischen gibt es weit über 200 Adressen, unter denen Arbeitgeber offene Stellen anbieten. Geben Sie hier die Branche, in der, und den Ort, an dem Sie arbeiten möchten ein. So können Sie die Angebote herausfiltern, die für Sie infrage kommen. Viele dieser Anbieter haben sich auf einen bestimmten Bereich spezialisiert. Manche der Jobbörsen bieten Bewerbern (eventuell gegen eine Gebühr) an, ihre »Lebensläufe« einzustellen, sodass auch Arbeitgeber diese bei Interesse einsehen können.

**Die wichtigsten Arbeitsmarktadressen**

- *www.arbeitsagentur.de*
- *www.careernet.de*
- *www.cesar.de*
- *www.jobinteractive.de*
- *www.job-office.de*
- *www.jobpilot.de*
- *www.jobrobot.de*
- *www.jobs.zeit.de*
- *www.jobware.de*
- *www.monster.de*
- *www.stellenanzeigen.de*
- *www.stellenmarkt.de*
- *www.stepstone.de*

**Metasuchmaschinen**

- job-world unter *www.zeit.de*
- *www.evita.de*

**Europäische Stellenmärkte**

- *www.cadresonline.com* (Frankreich)
- *www.job-consult.com* (Europa)
- *www.jobmonitor.com* (Österreich)
- *www.jobserve.com* (Großbritannien)
- *www.jobsite.uk* (Europa)

Per E-Mail können Sie schnell Kontakt zu einem Ihrer Wunscharbeitgeber aufnehmen oder direkt Ihre Onlinebewerbung versenden. Für diese Kontaktaufnahme gibt es keinen allgemein verbindlichen Standard. Recherchieren Sie daher auf der jeweiligen Webseite, was das Unternehmen wünscht. Vor allem bei Großunternehmen gibt es oft Bewerbungsformulare zum direkten Ausfüllen für Bewerber; andere Firmen bevorzugen E-Mail-Bewerbungen mit Anhang (Word- oder PDF-Datei). Lesen Sie zu dieser Form der Bewerbung mehr auf Seite 63.

## Jobchancen durch Zeitarbeit

Hat ein Unternehmen personelle Engpässe oder braucht es kurzfristig fähige Mitarbeiter, kann es sich über eine Zeitarbeitsfirma Personal beschaffen. Nicht nur gewerbliche Mitarbeiter, sondern zunehmend auch Angestellte der mittleren Ebene, hoch qualifizierte Spezialisten und erfahrene Führungskräfte werden über Zeitarbeitsunternehmen nachgefragt. Der Personaleinsatz kann dabei von vornherein befristet oder mit der Option auf Übernahme in ein festes Arbeitsverhältnis verbunden sein. So können beide Seiten – das Unternehmen, aber auch der »Leihmitarbeiter« – ohne Risiko testen, ob eine langfristige Zusammenarbeit sinnvoll ist. Erwartet werden vor allem Flexibilität und kurzfristige Verfügbarkeit. Der Weg über Zeitarbeitsunternehmen kann interessante Türen öffnen und Ihre Chancen auf einen Arbeitsplatz vergrößern.

### Zeitarbeitsfirmen

- *www.adecco.de*
- *www.dis-ag.com*
- *www.manpower.de*
- *www.persona.de*
- *www.randstad.de*
- *www.trenkwalder.com*

# Ihre Bewerbungsmappe

## Standards und Patentrezepte oder »Erlaubt ist, was gefällt«

In einigen Bewerbungsratgebern finden Sie immer wieder Empfehlungen und Regeln wie: »Benutzen Sie nur weißes Papier«, »Nennen Sie keinesfalls Hobbys, dafür aber Ihre Gehaltsvorstellung« und vielerlei mehr. Manche Aussagen sind dabei widersprüchlich und verunsichern eher, als dass sie helfen. Vergessen Sie das alles! Je nach Branche und Bewerbertyp gibt es sicherlich Grenzen für die kreative und persönliche Gestaltung einer Bewerbung. Aber innerhalb dieser Grenzen existieren viele verschiedene Möglichkeiten, die Sie nutzen sollten.

Durch unsere tägliche Beratung von Bewerbern wissen wir, welche modischen Entwicklungen und Trends es gibt und prüfen diese tagtäglich auf Praxistauglichkeit. Falls Sie sich beispielsweise entscheiden, Ihre Bewerbung per Hand auf feuerrotem Papier mit grüner Tinte zu schreiben, kann das durchaus Erfolg haben, wenn es sich um einen kreativen Tätigkeitsbereich handelt. Klar ist jedoch, dass das gleiche Vorgehen bei einer großen Bank allerbeste Chancen für den Papierkorb hat.

Es gibt nicht *den* Königsweg für die hundertprozentig erfolgreiche schriftliche Bewerbung. Und so kann man mit einem neuartigen Bewerbungsdesign nicht jeden Personalchef überzeugen und muss eventuell damit leben, dass fünf von zehn mit dem Kopf schütteln und Ihnen alles zurückschicken. Sehr wahrscheinlich aber werden ein, zwei Personalauswähler Ihr besonderes Engagement zu schätzen wissen und entsprechend positiv darauf reagieren. Und nur darauf kommt es an. Sie sollten wissen, was Sie wollen. Denn es ist nicht möglich, jeden zu überzeugen und *Everybody's Darling* zu sein.

Sie können ganz unterschiedliche Elemente in Ihre Bewerbungsmappe packen. Einige davon sind »Pflicht«, andere nicht (mit * gekennzeichnet).

**Die Elemente der Bewerbungsmappe**

- Anschreiben (möglichst knapp, 1 Seite, → Seite 51)
- *Deckblatt, persönliche Daten, Foto (→ Seite 38)
- Foto (sehr wichtig → Seite 35)
- Lebenslauf (1 bis 3 Seiten lang → Seite 22)
- Berufliche Stationen
- Aus- und Weiterbildung
- Studium, Schule
- Hobbys, Interessen, Engagement
- *Dritte Seite, Resümee (kurz, unter 1 Seite → Seite 40)
- *Anlagenverzeichnis (→ Seite 43)
- Anlagen (Arbeits- und Ausbildungszeugnisse)

(*kann, muss aber nicht enthalten sein)

Richtig betrachtet handelt es sich bei Ihren Bewerbungsunterlagen um ein *Werbeprospekt in eigener Sache*. Denn: Bewerben bedeutet Werbung machen, sich um etwas bewerben, jemanden umwerben – auf sich selbst und seine Fähigkeiten, sein Dienstleistungsangebot aufmerksam zu machen.

**Bewerbungsunterlagen/ Bewerbungsmappe** = **Werbeprospekt in eigener Sache**

**Apropos:** *Unternehmer, Arbeitnehmer, Arbeitgeber, Kunde.* Sie (der für sich Werbende) sind eigentlich ein Unternehmer. Sie bieten am Arbeitsmarkt Ihre Dienste und Ihre Fähigkeiten an. Damit ist Ihr Adressat (der Empfänger Ihrer Bewerbungsunterlagen) Ihr potenzieller Kunde und der Einkäufer Ihrer Dienstleistung. Das ist vielleicht eine etwas andere und für Sie neue Sichtweise, aber es lohnt sich, darüber nachzudenken.

> **Wichtig:** Oftmals sind Ihre Bewerbungsunterlagen das erste und entscheidende Auswahlkriterium und damit die allererste Arbeitsprobe, die Sie anbieten.

**Übrigens:** Was ist das Wichtigste, das Sie bei Ihren Bewerbungsunterlagen beachten müssen? Wohin sieht der Auswähler zuerst? Auf das Anschreiben, den Lebenslauf? Worauf kommt es ganz besonders an? Nein, es sind nicht das Anschreiben und die Zeugnisse ... Sicher, das alles ist sehr wichtig, das Wichtigste ist jedoch Ihr Foto! – Hätten Sie's gedacht? Ein sympathisches Foto, das positive Gefühle auslöst, das Vertrauen schafft und damit Zutrauen in Ihre Person und in Ihre Fähigkeiten erweckt. In Ihren Bewerbungsunterlagen ist Ihr Foto der wichtigste Träger Ihrer Persönlichkeit, denn Menschen werden vor allem von Gefühlen gesteuert und ein Bild sagt bekanntlich mehr als tausend Worte (s. S. 35).

## Zum Aufbau Ihrer Bewerbungsunterlagen

Am besten entscheiden Sie zuerst, wie Ihre Bewerbungsmappe insgesamt aussehen soll. Welche Seiten wollen Sie in welcher Abfolge präsentieren? Vergleichen Sie die Bewerbung mit einem Kinofilm: Wie soll das »Drehbuch« Ihres »Erfolgsfilms« aussehen?

**Wichtig für den Drehbuch-Vergleich**
Alle Rollen werden durch Sie besetzt. Sie sind der Produzent, Drehbuchautor, Regisseur und, wenn Sie zum Vorstellungsgespräch eingeladen werden, der Hauptdarsteller. Als Drehbuchautor müssen Sie wissen, was Sie Ihrem Publikum vermitteln wollen und auf welche Art das geschehen soll. Für Ihre Unterlagen bedeutet dies: Was soll wie auf welchen Seiten stehen?

Wir zeigen Ihnen verschiedene Varianten in Form von Skizzen. Betrachten Sie diese Vorschläge als Anregung. Sie allein entscheiden, was Sie für sich in Anspruch nehmen wollen und was nicht. Je kritischer Sie in die Planung auch des Inhalts jeder einzelnen Seite gehen, desto leichter fällt Ihnen die Umsetzung. Ein vorher entwickeltes Konzept hilft dabei, viel Zeit zu sparen.

Wie umfangreich die Unterlagen insgesamt werden, bestimmen Sie selbst. Junge Bewerber mit wenig Berufserfahrung werden eher weniger zusammenstellen (zwei, drei Seiten plus Anlagen) als erfahrene Kandidaten, die schon einmal auf sechs bis acht Seiten kommen können (Deckblatt, ausführliche Selbstdarstellung, Anlagenverzeichnis usw.)

Vorsicht: Versuchen Sie nicht, die Bewerbungsunterlagen künstlich aufzublähen: Nicht alles, was ein Bewerber zu bieten hat, gehört in die Unterlagen. Da ist oft weniger mehr!

**Der Aufbau Ihrer Bewerbungsmappe**
Hier zeigen wir Ihnen die besten Möglichkeiten, wie Sie Ihre Unterlagen zu einer Mappe zusammenstellen können.

> **Wichtig:** Das Anschreiben wird niemals in die Bewerbungsmappe eingeheftet. Es liegt immer lose gesondert oben auf der Mappe. Es verbleibt beim Empfänger, falls er Ihre Unterlagen zurückschickt.

**Die einfache Bewerbungsmappe**

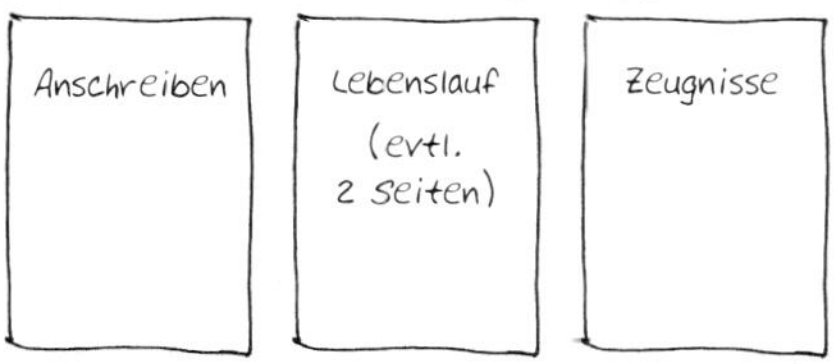


Das ist die allgemein übliche Form. Das Anschreiben, dann folgen ein oder zwei Seiten Lebenslauf, zum Schluss kommen die Anlagen (Arbeits- und Ausbildungszeugnisse etc.).

**Eine ausführlichere Version**

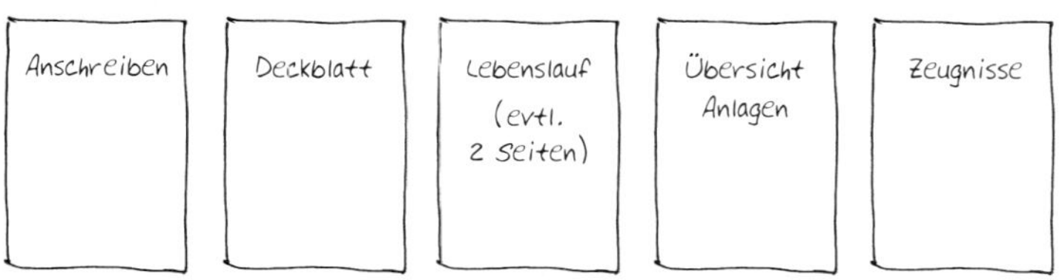


Ein Anschreiben und ein Extra-Deckblatt. Dann folgt auf einer oder zwei Seiten der Lebenslauf, anschließend eine Anlagenübersicht und die Anlagen (Arbeits- und Ausbildungszeugnisse etc.).

**Eine besondere Version**

Auf das Anschreiben folgt ein Deckblatt, darauf evtl. ein Überblick über Fähigkeiten/Arbeitsschwerpunkte, die Ausgangssituation und die beruflichen Ziele. Dahinter folgend der Lebenslauf und dann – hier neu – die »Dritte Seite« (sie enthält eine spezielle Botschaft für den Leser, s. S. 40). Das Anlagenverzeichnis und die Anlagen runden alles ab.

# Ihr Lebenslauf

## Aufbau, Abschnitte und Abfolgen

Die Angaben in Ihrem Lebenslauf entscheiden neben dem Foto, ob Sie zum Vorstellungsgespräch eingeladen werden oder nicht. Denn hier stellen Sie Ihre Kompetenz und Leistungsmotivation dar. Das ist schon sehr wichtig und wenn Ihr Foto gut für Sie wirbt, also Sympathie und Zutrauen entstehen lässt, dann will man Sie persönlich kennenlernen. Logisch!

Der übliche Lebenslauf ist eine bis drei Seiten lang. Er besteht aus einem »Kopf« (persönliche Daten wie Name, Geburtsdatum etc.), einem »Rumpf« (die Stationen des beruflichen Werdegangs) und den »Gliedmaßen« (Sonstiges, Hobbys, Datum, Unterschrift). Wir zeigen Ihnen zwei typische Präsentationsformen:

**Klassischer Aufbau** = **von der Vergangenheit zur Gegenwart**

Hier beginnen Sie nach der Überschrift und Ihren persönlichen Daten mit der Schulausbildung, dann folgen Berufsausbildung, gegebenenfalls Wehrdienst und danach Ihre Jobs vom ersten nach der Ausbildung bis zur aktuellen beruflichen Situation. Diese Vorgehensweise nimmt jedoch immer mehr an Bedeutung ab. Sie ist aber vor allem bei Bewerbungen für Handwerksberufe oder in Kleinbetrieben noch sehr akzeptiert.

- Überschrift
- Persönliche Daten und Foto
- Schule
- Ausbildung/Fach- oder Hochschulstudium
- Wehr-/Zivildienst/Freiwilliges Soziales Jahr
- Berufstätigkeit: von der ersten Station bis zur aktuellen
- Berufliche/außerberufliche Weiterbildung
- Besondere Kenntnisse (Sprachen, EDV, Führerschein etc.)
- Engagements/Hobbys/Interessen/Sonstiges
- Ort, Datum, Unterschrift

| Moderner Aufbau | = | von der Gegenwart zur Vergangenheit |
|---|---|---|

Nach der Überschrift und den persönlichen Daten berichten Sie Ihrem Leser, was Sie momentan beruflich machen, was davor war usw. Sie gehen den umgekehrten Weg, also vom Jetzt in die Vergangenheit. Diese Vorgehensweise wird zunehmend bevorzugt und macht auch mehr Sinn, da die aktuelle berufliche Position (in den meisten Fällen) die wichtigste Informations- und Entscheidungsgrundlage für den Personalauswähler ist.

- Überschrift
- Persönliche Daten und Foto
- Berufstätigkeit: von der aktuellen Station bis hin zur ersten
- Berufliche/außerberufliche Weiterbildung
- Berufsausbildung/Fach- oder Hochschulstudium, Schule
- Wehr-/Zivildienst/Freiwilliges Soziales Jahr
- Besondere Kenntnisse
- Engagements/Hobbys/Interessen/Sonstiges
- Ort, Datum, Unterschrift

**Der berufliche Werdegang zählt**

Im Lebenslauf geht es nicht wirklich um Ihre Lebensgeschichte. Informationen über Geburtsort, Eltern und Geschwister, Kindergarten und Grund- sowie Oberschule, Ausbildung, frühe berufliche Erfahrungen, Wohnortwechsel, eventuell Heirat und Familiengründung interessieren nur am Rande. Ihr beruflicher Werdegang soll vermitteln, ob Sie für den angebotenen Arbeitsplatz Kompetenz und Leistungsmotivation mitbringen und als Gesamtpersönlichkeit infrage kommen. Eine komprimierte Beschreibung der aktuellen (oder letzten) Tätigkeit lässt den Leser am schnellsten erkennen, ob Sie für die Lösung seines Problems geeignet sind. Deshalb überlegen Sie vorher, was Sie dem potenziellen Arbeitgeber an Infos anbieten.

Sie müssen die Lebenslaufabschnitte nicht unbedingt in einer ganz bestimmten Reihenfolge anordnen. Wenn Sie die persönlichen Daten bereits an anderer Stelle in aller Ausführlichkeit abgehandelt haben (z. B. auf dem Deckblatt oder einer Einleitungsseite), können Sie auch gleich mit der aktuellen Berufstätigkeit beginnen, gefolgt von der beruflichen Weiterbildung und besonderen Kenntnissen. Die Schulausbildung und sonstige erwähnenswerte Interessen (Hobbys, Engagement) bilden dann den Abschluss. Der Leser sollte nur schnell einen guten Überblick über die von Ihnen als wichtig erachteten Informationen bekommen. Solange Sie das beachten, haben Sie im Prinzip Freiheit in der Gestaltung der Reihenfolge.

**Für jede Bewerbung ein neuer Lebenslauf**

Einen Lebenslauf kann man in der Regel nur ein einziges Mal verwenden. Wenn er wirklich überzeugen soll, muss er individuell auf den anvisierten Arbeitsplatz zugeschnitten sein und entsprechend »frisch« wirken.

1. Kopf

**Überschrift**

- »Lebenslauf« oder »Beruflicher Werdegang« – es geht aber auch ohne Überschrift

**Foto und persönliche Daten**

- Das Foto wird oben rechts, mittig oder links festgeklebt (falls Sie kein Deckblatt haben). Nicht klammern oder heften! Auf der Rückseite des Fotos den Namen schreiben.
- Vor- und Zuname, dahinter die Berufsbezeichnung, Ihr berufliches Ziel und Ihre Ausgangssituation
- Anschrift, Telefon-, Handynummer, gegebenenfalls E-Mail
- Geburtsdatum und -ort
- Religionszugehörigkeit (nur üblich für Bewerbungen bei kirchlichen Arbeitgebern)
- Familienstand, gegebenenfalls Zahl und Alter der Kinder
- Staatsangehörigkeit (nur wenn Sie nicht die deutsche Staatsbürgerschaft haben bzw. Ihr Name dieses vermuten lässt)

2. Rumpf

**Berufstätigkeit/Ausbildung**

- Berufsbezeichnungen, -positionen, Funktionen, eventuell Kurzbeschreibung, gegebenenfalls Erfolge
- Arbeitgeber mit Ortsangaben (mit Zeitangaben)
- gegebenenfalls Art der Berufsausbildung
- gegebenenfalls Ausbildungsfirma/-institution, eventuell mit Ortsangabe
- gegebenenfalls Abschluss, eventuell mit Hinweis auf besonderen Erfolg

**gegebenenfalls berufliche Weiterbildung**

- alles, was mit Ihrer Berufspraxis in Zusammenhang steht

**gegebenenfalls außerberufliche Weiterbildung**

- z. B. Fremdsprachenkurse, EDV-Kurse etc.

**gegebenenfalls Sonderinformationen**
- z. B. über Auslandsaufenthalte während der Schulzeit/des Studiums/der Berufstätigkeit

**gegebenenfalls Fach- oder Hochschulstudium (oder vergleichbare Ausbildung)**
- Fach/Fächer
- Name und Ort der Hochschule
- Schwerpunkte
- gegebenenfalls Thema der Examensarbeit
- Art der Examina

**Schulbildung**
- besuchte Schulen (Typen)
- Schulabschluss (keine sonstigen, überflüssigen Details)

(alle Informationen mit grober Zeitangabe)

2. Rumpf

**Besondere Kenntnisse**
- Fremdsprachen, EDV, Führerschein usw.

**Hobbys/Interessen/Engagement**
- ehrenamtliches und/oder soziales Engagement, Sport (wichtig), künstlerische Interessen, politisches Engagement (Vorsicht! Nur wenn es zum Arbeitgeber passt!)
- die dargestellten Inhalte sollten dabei zu Ihnen und Ihrer Bewerbung um den speziellen Arbeitsplatz passen

**Ort, Datum, Unterschrift**
- den Namen nicht mit der Maschine wiederholen

3. Gliedmaßen

## Übersicht: Aufbauschema Lebenslauf

Briefkopf (eventuell)
Vor- und Zuname, Beruf, Adresse, Telefonnummer, E-Mail-Adresse

**Foto**

**Persönliche Daten**
Vor- und Zuname
Adresse (falls kein Briefkopf)
Geburtsdatum und -ort
ggf. Religionszugehörigkeit
ggf. Familienstand
ggf. Staatsangehörigkeit
ggf. Zahl und Alter der Kinder

**Berufspraxis**

| | |
|---|---|
| Zeitangaben | die ausgeübte Tätigkeit bzw. Beschäftigung, Unternehmen, Ort |

**Weiterbildung**

| | |
|---|---|
| Zeitangaben | berufliche und außerberufliche Weiterbildung, Zertifikate<br>Sonderinformationen wie Fremdsprachen |

**Ausbildung**

| | |
|---|---|
| Zeitangaben | ggf. Ausbildungsgang, Unternehmen, Ort<br>ggf. Hochschulstudium: Fächer, Schwerpunkte, Abschluss |

**Schulbildung**

| | |
|---|---|
| Zeitangaben | besuchte Schulen und Abschluss |

**Kenntnisse und Interessen**

besondere Erfahrungen und Hobbys/Interessen/Engagement

Ort, aktuelles Datum

**Unterschrift**
in blauer Tinte, leserlich mit Vor- u. Zunamen unterschreiben

**Nicht alles muss in den Lebenslauf**
Viele Angaben im Lebenslauf sind »Kann-Bestimmungen«. Die Nennung des Familienstandes ist beispielsweise nicht zwingend notwendig. Abzuraten ist von Selbstbeschreibungen wie »geschieden« oder »wiederverheiratet«, gegebenenfalls schreiben Sie »verheiratet« oder »unverheiratet«. Besonders Frauen sollten nicht die Zahl und das Alter ihrer kleinen Kinder oder womöglich deren Namen nennen. Es kann jedoch von Vorteil sein, das Alter der Kinder anzugeben, wenn sie aus dem betreuungsintensivsten Alter (0–12 Jahre) heraus sind. Auf diese Weise können Sie eventuelle Arbeitgeberängste beruhigen, zeitweise wegen Ihrer Kinder nicht voll einsatzfähig zu sein.

Bei Frauen sind oftmals die beruflichen Wege etwas verschlungen. Aber hüten Sie sich vor allzu großer Bescheidenheit. Wenn Sie eine Kinder- und Familienphase hinter sich haben, so gibt es nichts zu verstecken. Sie waren nicht »Nur-Hausfrau«, sondern sozusagen Chefin eines kleinen »Familienunternehmens«. Sie haben zu Hause gelernt, einen »Betrieb« am Laufen zu halten und dessen Mitglieder fortwährend zu motivieren. Auf den Gebieten soziale Kompetenz, Organisationsvermögen, Flexibilität, Belastbarkeit und Zeitmanagement macht Ihnen so leicht niemand etwas vor.

## Überschrift

Am weitesten verbreitet ist die Überschrift »Lebenslauf«, schon deutlich seltener liest man »Beruflicher Werdegang«. Es geht aber auch ganz ohne. Entscheiden Sie, was besser zu Ihnen und Ihrer Präsentation passt.

## Persönliche Daten

Zu den persönlichen Daten zählen:

- Vor- und Zuname
- wenn möglich: Berufsbezeichnung
- wenn möglich: Ihr berufliches Ziel
- wenn möglich: Ihre Ausgangssituation
- Geburtsdatum und -ort
- eventuell Familienstand
- eventuell Anzahl der Kinder
- komplette Anschrift mit Telefon-/Handynummer, E-Mail-Adresse
- gegebenenfalls Religionszugehörigkeit (nur üblich für Bewerbungen bei kirchlichen Arbeitgebern)
- gegebenenfalls Staatsangehörigkeit

Neben den aufgezählten Standardinhalten dürfen Sie schon an dieser Stelle auf besondere Erfolge, Engagements, Interessen oder Hobbys hinweisen, wenn sie zu Ihrem Persönlichkeitsbild beitragen. Das Gleiche gilt für Mitgliedschaften in Parteien, Gewerkschaften oder anderen Einrichtungen und Institutionen (aber nur wenn's passt!).

Namen und Berufe der Eltern sollten (wenn überhaupt) nur bei Ausbildungsplatzsuchenden angeführt werden. Für den Fall, dass Sie Kinder haben und diese noch in einem betreuungsintensiven Alter sind (0–12 Jahre), lassen Sie Altersangaben besser weg. Bei der Ausgangssituation ist es besser die Formulierung »arbeitsuchend« zu vermeiden.

Alle diese persönlichen Daten haben gegebenenfalls auch Platz auf dem Deckblatt oder der ersten Seite (s. S. 38) und können da wie dort durch das Foto sinnvoll flankiert werden (s. S. 35). Sollten Sie den Schwerpunkt dieser Daten an anderer Stelle abhandeln, reicht die Angabe von Name, Berufsbezeichnung und Geburtsdatum (oder eine Altersangabe), um zur nächsten Rubrik überzugehen.

## Berufstätigkeit

Diese Rubrik ist von zentraler Bedeutung für das Bild, das sich der Leser von Ihnen und Ihrer beruflichen Kompetenz macht. Zeigen Sie, womit Sie glänzen können. Wenn ein gestandener Berufsvertreter, der beispielsweise fünf Jahre lang eine Maschinenfabrik erfolgreich als Geschäftsführer geleitet hat, in seinem Lebenslauf mit den einfachsten Diensten beginnt (vom 1.1.1980–31.12.1983: Feinblechner bei der Firma XY ), vertut er eine Chance, den potenziellen Arbeitgeber zu beeindrucken. Die aufgeführten Arbeitgeber können Sie unterschiedlich ausführlich beschreiben, ebenso die Skizzierung der ausgeübten Position inklusive der besonderen Aufgabenstellung und Verantwortlichkeit und der von Ihnen erzielten Erfolge. Die aktuelleren Daten sind wichtiger und erfordern mehr Darstellung/Informationen als die zeitlich deutlich weiter zurückliegenden.

Bereits unter dieser Rubrik können Sie auch Ihre Berufsausbildung aufführen. Liegt diese noch nicht sehr lange zurück (unter 5 Jahre), dürfen Sie hier auf besondere Schwerpunkte verweisen, wenn es zur angestrebten neuen Position und Aufgabe passt.

**Orts- und Zeitangaben**

Orts- und Zeitangaben müssen Sie für die Stationen Ihrer Berufstätigkeit der letzten fünf bis zehn Jahre angeben. Sie geben dabei die Monats- und Jahreszahl an (z. B. 01/2000–07/2005 – Vertriebsmitarbeiter bei Firma XY, Tübingen). Bei allem, was zehn Jahre und mehr zurückliegt, brauchen Sie nur noch eine Jahresangabe zu machen (z. B. 1990–1993 – Ausbildung zum Elektriker).

## Berufliche und außerberufliche Weiterbildung

Hier nennen Sie alle ergänzenden Maßnahmen, die Ihre Kenntnisse und Fähigkeiten unter beruflichen Gesichtspunkten vorangebracht haben, wie beispielsweise klassische Weiterbildungsmaßnahmen des Arbeitgebers bis hin zu privat initiierten Fortbildungsaktivitäten, wie das Erlernen einer Fremdsprache oder spezielle EDV-Kurse. Manche Bewerber führen an dieser Stelle auch die Besuche von Fachtagungen und Messen an. Hier sind Orts- und Zeitangaben nicht bis ins letzte Detail notwendig. Die einfache Jahreszahl ist meist ausreichend.

## Berufs- und Hochschulausbildung

Die Berufsausbildung erfordert wenige Informationen: Angaben zum Ausbildungsfach und -betrieb mit entsprechender Zeitangabe. Das Nennen der Abschlussnote ist eher unüblich (Ausnahme: direkt nach der Ausbildung). Als Zeitangabe Monat und Jahr aufführen; wenn alles länger zurückliegt (über 3 Jahre), reicht die Jahresangabe.

Haben Sie eine Fach- oder Hochschule besucht, so geben Sie Name und Ort an. Die Studienfächer (gegebenenfalls Haupt- und Nebenfächer) und die Abschlüsse sollten Sie ausführlicher darstellen, eventuell ergänzt durch den Hinweis auf Studienschwerpunkte, bekannte Professoren und das Thema der Abschlussarbeit, eventuell der Dissertation. Die Noten für diese Arbeiten können ebenso aufgeführt werden wie die Gesamtabschlussnote, sofern dies alles weniger als fünf Jahre zurückliegt.

Haben Sie Ihr Studium ohne einen Abschluss beendet, so nennen Sie alle relevanten Daten. »Ehrenerklärungen« brauchen Sie nicht abzugeben – der eilige Leser wird den fehlenden Abschluss vielleicht gar nicht bemerken.

## Wehrdienst, Zivildienst, Freiwilliges Soziales Jahr

Ob Sie bei der Marine als Funker tätig waren oder in einem Kinderheim für Schwerstbehinderte Ihren Zivildienst absolviert haben, stellt eine relevante Information dar. Diese wird je nach Arbeitgeber anders interpretiert und kann von Ihnen auch dazu benutzt werden, um bestimmte Erfahrungen oder Entwicklungen glaubhaft zu vermitteln.

Frauen und Männer, die sich für ein Freiwilliges Soziales Jahr entschieden haben, können die Angabe dieser Zeitspanne entsprechend für ihr Bewerbungsvorhaben nutzen. Zur Zeitangabe: gegebenenfalls Monat und Jahr; wenn es länger zurückliegt, reicht die Jahresangabe.

## Schulbildung

Gehen Sie an dieser Stelle sparsam mit Detailinformationen um. Die Nennung von beispielsweise zwei Grundschulen (wegen eines Umzugs der Eltern) ist überflüssig und ohne Bedeutung für Ihr aktuelles Bewerbungsvorhaben. Glatte Jahreszahlen reichen aus; und wann genau Sie das Abitur mit welcher Durchschnittsnote absolviert haben oder die Realschule verließen, spielt nach über zehn Jahren keine Rolle mehr.

Zweiter Bildungsweg und Abendgymnasium sind Kennzeichen Ihrer besonderen Leistungs- und Lernmotivation und sollten deshalb angemessen Erwähnung finden.

Generell gilt: Je länger Ihre Schulzeit zurückliegt, desto komprimierter können Ihre Informationen sein. Falls Ihre Schulzeit aufgrund einiger »Ehrenrunden« etwas länger gedauert hat: keine Erklärungen, es sei denn, Sie sind 18 Jahre jung und Ausbildungsplatzsucher.

## Besondere Kenntnisse

Diese Rubrik ist nicht zwingend notwendig. Sie bietet aber gute Möglichkeiten, auf bestimmte, für die aktuelle Bewerbung relevante Qualifikationen aufmerksam zu machen. Sprach- oder EDV-Kenntnisse, spezielle Zertifikate, vom Führerschein bis zur Ausbilderlizenz, haben hier – nach sorgfältiger Abwägung – ihren Platz.

## Engagement, Hobbys, Interessen, Sonstiges

Solche Angaben sind alles andere als überflüssig! Hier können Sie Sympathie gewinnen und wichtige Anknüpfungspunkte für das Vorstellungsgespräch schaffen. Ob ehrenamtlich in der Kirchengemeinde tätig, freiwilliger Mitarbeiter in einem Jugendzentrum oder leidenschaftlicher Wanderer, Sie werden mit derlei Auskünften dazu beitragen, dass man sich ein Bild von Ihnen macht.

Achten Sie dabei auf die Auswahl! Überlegen Sie, ob das Hobby zu Ihrem Alter und dem von Ihnen angestrebten Arbeitsplatz passt. Die Mitgliedschaft im Schachklub wird anders gedeutet als die Mitgliedschaft im Fußballverein. Im ersten Fall wird man Sie eher als analytisch denkend, konzentriert und ruhig einschätzen, im anderen Fall geht man davon aus, dass Sie dynamisch, erfolgsorientiert und teamfähig sind. Auch andere Interessen wie aktives Musizieren, besondere Sportarten, begeistertes Kochen, Spezialreisen oder ein längerer Auslandsaufenthalt können im Vorstellungsgespräch gute thematische Anknüpfungspunkte sein und Ihnen eine Menge Pluspunkte einbringen.

## Ort, Datum, Unterschrift

Sie müssen am Ende Ihres Lebenslaufs unterschreiben (am besten mit königsblauer Tinte). Es steht Ihnen frei, ob Sie Ort und Datum per Hand oder lieber computer- beziehungsweise maschinenschriftlich gestalten wollen. Auch wie Sie unterschreiben, ist wichtig: Manche Kandidaten unterschreiben extrem unleserlich und riesengroß oder im Gegenteil viel zu klein oder gar in Druckbuchstaben. Das sollten Sie vermeiden. Nicht selten wird Ihre Unterschrift von der Auswahlkommission analysiert und bewertet. Bemühen Sie sich also!

**Übersicht: Wo Sie unterschreiben**

- ▶ Anschreiben (absolutes Muss)
- ▶ Lebenslauf (absolutes Muss)
- ▶ Dritte Seite (Kann, muss aber nicht)
- ▶ Deckblatt/Foto (Kann, muss aber nicht)

## Erste Hilfe bei Lücken und Problemen im Lebenslauf

Nicht immer läuft im Arbeitsleben alles glatt. So hat fast jeder Bewerber »Makel« wie Lücken (Zeitabschnitte ohne Berufstätigkeit) oder »Probleme« (zum Beispiel sehr viele Arbeitsplatzwechsel in kurzer Zeit) im beruflichen Werdegang. Da Personalentscheider den Lebenslauf in der Regel zuerst lesen, werden »problematische« Bewerbungen schnell aussortiert. Versuchen Sie daher, einen schlüssigen beruflichen Werdegang abzuliefern. Klingt schwierig, ist aber oft einfacher, als Sie vermuten. Wir zeigen Ihnen kurz die negativen Faktoren, die in einem Lebenslauf besser nicht vorkommen sollten.

**Lücken:** Zeiten, in denen der Bewerber keine berufliche Tätigkeit nachweisen kann. Drei Monate sind eine kleinere Lücke, von einer größeren spricht man ab etwa sechs Monaten.

**Probleme:** Der Bewerber hat zwar durchgehend gearbeitet, sein beruflicher Werdegang wirkt beim Leser aber nicht positiv, z. B. wegen häufigen Wechselns des Arbeitsplatzes.

Wenn Lücken *und* Probleme in Ihren schriftlichen Unterlagen auftauchen, ist es noch wichtiger, die Darstellung Ihrer Daten zu verbessern, denn generell wünschen sich Personaler einen lückenlosen Nachweis Ihrer Berufstätigkeit.

Zu häufiges Wechseln, insbesondere bei älteren Bewerbern, wirkt ebenso verdächtig wie zu langes Verharren in der gleichen Position beim selben Arbeitgeber. Wenn Sie für einen längeren Zeitraum keine Berufstätigkeit im Lebenslauf angeben, neigen Personalentscheider zu negativen Interpretationen wie: Arbeitslosigkeit, Krankheit, Drogenentzug oder sogar Gefängnisaufenthalt.

Lücke ist dabei nicht gleich Lücke. Nicht jede Auszeit hat einen negativen Beigeschmack und muss deshalb auch nicht kommentarlos übergangen werden, wie z. B. Erziehungs- und Pflegezeiten oder Weltreisen. Selbstverständlich kann eine private Auszeit zur beruflichen Orientierung erwähnt werden. Längere Lücken, wie mehrere Jahre in der Bundeswehr, können ebenfalls sehr positiv dargestellt werden.

Bestimmte Zeitabschnitte im Berufsleben gehen niemanden etwas an. Und zwar die, nach denen im Bewerbungsgespräch nicht gefragt werden darf, u. a. Krankheiten (auch Suchterkrankungen), Schwangerschaft, Freistellung wegen Betriebsratstätigkeit und Freiheitsstrafen. Ihre Erklärungen zu diesen Zeitabschnitten sollten überzeugen und möglichst nicht widerlegbar sein (Notlügen sind hier erlaubt!).

Lücken im Lebenslauf kann man auf verschiedene Weisen verdecken: z. B. indem man Zeitspannen nur mit Jahreszahlen und nicht mit Monaten angibt oder indem man einfach mehrere Zeitabschnitte unter einer Überschrift zusammenfasst. So lässt sich der chronologische Ablauf schwerer nachvollziehen und die einzelnen Abschnitte bilden ein Erklärungsmuster. Bei Problemen, die Personaler aus Ihrem Lebenslauf ableiten, liegt die Bewertung wie so oft im Auge des Beurteilers. Dieser mag beispielsweise die Verweildauer an einem Arbeitsplatz auffällig kurz oder gerade noch okay finden, den Weggang von einem Unternehmen als eine arbeitgeberseitige Kündigung interpretieren oder nicht den »roten Faden« erkennen können oder den beruflichen Werdegang als unzusammenhängend und eher zufällig als geplant ansehen. Das Entscheidende bleibt: Gibt es Dinge in Ihrem Lebenslauf, die negativ ausgelegt werden könnten? Bereiten Sie sich vor und überlegen Sie, wie Sie mögliche Argumente der Gegenseite entkräften oder wenigstens mildern können. Dies ist auch für das Vorstellungsgespräch sehr wichtig.

**Unser Kommentar**

**Foto:** ist auffällig und zieht den Betrachter sofort in seinen Bann. Eine attraktive, charmante Bewerberin, die sich beinahe verführerisch anbietet. Vorsicht! Das kann auch zu viel des Guten sein. Und trotzdem, in diesem Beruf sollte man auch flirten können.
**Beachtenswert:** Die Angabe der Berufsbezeichnung »Kauffrau« ist sehr sinnvoll. Sehr gut auch die Platzierung im Briefkopf unter dem Namen. Gut, dass die Bewerberin nicht ihre Kinder mit aufgeführt hat. Manche Mütter neigen dazu … Evtl. hätte vielleicht eine Unterschrift noch unter das Foto gepasst und damit den persönlichen Eindruck weiter verstärkt.
**Fazit:** Eine insgesamt optisch gut gelungene Deckblattseite.

Ramona Norstedt
Kauffrau
Am Moor 4a
99310 Arnstadt
Telefon: 03628 663219

B e w e r b u n g

als

Automobil-Verkäuferin

Autohaus Wollank, Erfurt

von

Ramona Norstedt
am 12.02.1975
in Stotternheim geboren
verheiratet

Ramona Norstedt
Kauffrau
Am Moor 4a
99310 Arnstadt
Telefon: 03628 663219

**Berufstätigkeit**

| | |
|---|---|
| seit 10.2000 | Technische Angestellte/Gewährleistungssachbearbeiterin<br>bei der Auto-Hilfe-Ersatzteil GmbH, Erfurt<br>• Abwicklung von Gewährleistungs- und Kulanzanträgen<br>• Systemunterstützte Antragsbearbeitung am Terminal<br>• Prüfung von Schadensteilen/Qualitätsanalyse<br>• Koordinierung von Rückrufaktionen verschiedener Hersteller<br>• Regressierung abgelehnter Gewährleistungsteile<br>• Kunden- und Lieferanten-Management |
| 10.1999 – 09.2000 | Familienpause |
| 01.1998 – 09.1999 | Kaufmännische Mitarbeiterin<br>beim ADAC Hessen<br>• Mitgliederbetreuung<br>• Koordination Zusammenarbeit mit DEKRA und TÜV<br>• Messestandbetreuung<br>• Unterstützung der Organisation von Messeauftritten, Rallyes und dem ADAC-Jahresball in Berlin |
| 09.1994 – 12.1997 | Industriekauffrau für Maschinenbau<br>Hoffmann-Metallhandel GmbH, Kassel<br>• Bestellung von Maschinenbauteilen aus Stahl und Kunststoff<br>• Fakturierung und Auslieferung an Kunden<br>• Bestandspflege und Kunden-Neuakquisition |

**Aufbau:** außergewöhnlich gestaltete erste Lebenslaufseite, die sich nicht nur durch die Überschrift »Berufstätigkeit« schon deutlich von vielen anderen Bewerbungsunterlagen unterscheidet.
Die verschiedenen Job-Positionen sind gut dargestellt, die Aufgaben ausführlich genug beschrieben.
**Interessant:** die Familienphase wird aufgeführt, nicht aber die Anzahl der Kinder. Gut so! Sehr selbstbewusst!

**Aufbau:** die Rubrik »Bildung und Schule« beinhaltet nicht nur die schulische Laufbahn und die Berufsausbildung, sondern auch berufsrelevante Fortbildungen.
Die Überschrift »Kenntnisse/ Erfahrungen/Interessen« ist außergewöhnlich. Die hier vermittelten Botschaften sind wirklich von Bedeutung und machen neugierig auf die Bewerberin. Das sollen sie ja auch! Nur so funktioniert es, um eine Einladung zum Vorstellungsgespräch zu bekommen.
**Unterschrift:** Vor- und Zuname und auch gut lesbar. Sehr schön!

Ramona Norstedt
Kauffrau
Am Moor 4a
99310 Arnstadt
Telefon: 03628 663219

**Bildung und Schule**

| | |
|---|---|
| 2004 | Fortbildung Vertrieb und Marketing<br>Marketingakademie Erfurt |
| 2002, 2003 | Je 1 Monat Sprachtraining in Hallmark/Cornwall, Großbritannien |
| 2000 | Fortbildung im Qualitätsmanagement<br>DEKRA Berlin |
| 1991 – 1994 | Ausbildung mit Abitur zur Industriekauffrau<br>in Sömmerda |
| 1981 – 1991 | POS Stotternheim – Abschluss Mittlere Reife |

**Kenntnisse / Erfahrungen / Interessen**

anwenderbereite Kenntnisse gängiger Software unter MS Windows XP

sehr gute Kenntnisse des Ersatzteilangebotes für PKW und Nutzfahrzeuge, besonders der Marken VW, BMW und Fiat

gute Englischkenntnisse in Wort und Schrift, Grundkenntnisse Russisch

Akquisitionserfahrungen

Mitglied im Oldtimer-Club Arnstadt, Veranstaltungsorganisation

Führerschein PKW und LKW
Personenbeförderungsschein

begeisterte Oldtimer-Rallye-Fahrerin

Ramona Norstedt

# Ihr Foto

## Ein Bild sagt mehr als tausend Worte

Die Bedeutung des Fotos für die Bewerbung wird häufig unterschätzt. Ihr Foto ist eines der wichtigsten Bestandteile in Ihren Unterlagen. Sie haben die große Chance, schon zu Beginn des Auswahlverfahrens bei dem Personalentscheider Sympathie zu mobilisieren.

**»Bild schlägt Text«**
So lautet eine alte Journalistenregel, die die Wirkungskraft Ihres Fotos verdeutlicht. Der Personalchef wird als Erstes einen Blick auf Ihr Foto werfen und sich in Sekundenschnelle (mehr oder weniger bewusst) ein Urteil bilden: Was für einen Eindruck macht dieser Mensch? Wirkt er/sie sympathisch oder unsympathisch? Mürrisch oder freundlich? Zugewandt oder verschlossen? Und mit diesem Eindruck im Hinterkopf (und der schnellen Meinung, die er sich dazu gebildet hat) beginnt der Empfänger, Ihre Bewerbung durchzublättern.

**Zum Format**
Ein mikriges Automatenpassbild Foto legt die Deutung nahe, dass Sie sich nicht wichtig genug nehmen. Umgekehrt spricht ein Postkartenporträt Bände über Ihre Eitelkeit. Wir zeigen Ihnen hier interessantere Formate und auch attraktivere Bildausschnitte. Der Kopf, das Gesicht, darf ein wenig angeschnitten sein, weil es so spannender und dynamischer wirkt.

**Schwarz-Weiß- oder Farbfotos**
Wir empfehlen ein Schwarz-Weiß-Foto, da es Sie sowohl zurückhaltender als auch interessanter erscheinen lässt und dem Betrachter mehr Interpretationsmöglichkeiten bei der Beurteilung Ihres Gesichts gibt. Falls Sie dennoch ein Farbfoto vorziehen, wählen Sie dezente Kleidung und – für die Damen – sparsames Make-up.

**Apropos Kleidung**
Wählen Sie die Kleidung, die dem von Ihnen angestrebten Berufsstand angemessen ist. Ihre Haare sollten gepflegt frisiert sein und auf keinen Fall Ihre Augen verdecken – Sie haben doch nichts zu verbergen (für die Herren: unbedingt vor dem Fototermin rasieren bzw. den Bart stutzen). Ansonsten gilt: Lächeln Sie ein wenig, machen Sie ein freundliches Gesicht. Denken Sie an etwas Schönes ...

**Wichtig:** Frauen sollten auf dem Bewerbungsfoto nicht zu tiefe Einblicke in ihre weiblichen Reize gewähren. Männer dürfen (wenn sie kein Hemd mit Krawatte tragen) nicht mehr als einen Kragenknopf öffnen.

**Fazit**
Der Weg zum Fotografen lohnt sich. Automaten-Passfotos sind zwar billiger, sehen aber entsprechend aus und führen möglicherweise zu falschen Rückschlüssen (mangelndes Selbstwertgefühl, fehlende Bemühung und Motivation für den Arbeitsplatz, Geiz etc.). Übrigens: exzellente Kopien, besser noch

eingescannte oder (noch besser) digitale Fotos sind heute voll akzeptiert.

Also keine alten Fotos, Urlaubsbilder oder Schnappschüsse bei der feuchtfröhlichen Familienfeier (»letztes Jahr bei unsere Oma ihren achtzigsten Geburtstag«) oder Fotos, auf denen Sie erklären müssen, »das da hinten links bin ich, und das vorn ist ...« – so etwas kommt in der Bewerbungsrealität häufiger vor, als Sie glauben. Empfehlenswert ist ein ansprechendes professionelles Porträt-Foto (Format ca. 6 x 4,5 cm oder etwas größer).

Nach Meinung führender Personalberater ergibt sich aus der Qualität des Fotos ein Hinweis auf die Zielstrebigkeit des Bewerbers. Ein fotografisch schlechtes Foto und/oder ein falsch gewähltes Format sprechen eher für eine generell nicht besonders ausgeprägte Leistungsmotivation, für ein niedriges Anspruchsniveau sowie für eine mangelnde Motivation in Bezug auf die ausgeschriebene Position. Bei der Vorlage eines professionell beim Fotografen aufgenommenen, im Format nicht zu kleinen, aber auch nicht zu großen Fotos unterstreicht der Bewerber seine besonderen Bemühungen um den neuen Job.

Überhaupt: Gehen Sie nur gut gelaunt und nicht abgehetzt zu einem qualifizierten Fotografen. Dezent geschminkt (die Damen), in berufsangemessener (Ver-)Kleidung, die Haare gut frisiert und glatt rasiert bzw. mit gestutztem Bart (die Herren).

Auch beim Thema Foto gibt es bedenkenswerte Neuerungen: Statt der ganz typischen »Kopf und Kragen«-Fotos (à la Passfoto) bietet sich die Möglichkeit an, Arme, Hände und Oberkörper mit aufs Bild zu bringen, unter Umständen auch in einer Arbeitssituation. Interessante Gestaltungsideen finden sich dazu im Stern, der Bunten oder auch in Tageszeitungen. Schauen Sie sich doch einfach mal an, wie dort »Wirtschaftsköpfe« porträtiert werden.

Im Übrigen raten wir Ihnen, mehrere Fotos anfertigen zu lassen und diese dann (ehrlichen) Freunden zur Beurteilung vorzulegen, um gemeinsam das Beste auszuwählen.

**Gutes Bewerbungsfoto**
=
**Aussehen (sympathisches Lächeln)**
+
**Kleidung**
+
**Fotoqualität**
+
**Format**

**Und noch etwas zum Stichwort Foto, das Sie wissen sollten**
Das neue AGG (Allg. Gleichstellungsgesetz) sorgt im Alltag von Bewerbungen leider für Kompliziertheit und Verunsicherung bis zu Rechtsstreitigkeiten: Es dürfen keine Fotos mehr von der Jobanbieterseite verlangt werden! Sie dürfen ein Foto jedoch nach wie vor freiwillig Ihren Unterlagen beifügen und sollten diese Chance auch nutzen!

Ein außergewöhnliches Format, ein dunkler Hintergrund und ein leicht angeschnittener Kopf machen dieses Bild zum Hingucker und transportieren viel Sympathie.

Die gleiche Bewerberin, ein eher klassisches Bildformat, ein heller Hintergrund, ein sehr stark angeschnittener Kopf – dieses Foto kann man nicht überblättern.

Der Glaube auf einem Bewerbungsfoto dürfe man nicht lächeln und keine Zähne zeigen, ist quatsch! Dieses bezaubernde Lächeln weckt beim Betrachter Interesse und das Auge verweilt sicherlich länger darauf.

Sehr heller Hintergrund und ebenso außergewöhnliches Format. Der Kopf ist leicht angeschnitten und das Lächeln sehr freundlich. Der Bewerber schaut den Betrachter sehr direkt an und erzeugt damit Aufmerksamkeit.

So bitte nicht. Der Gesichtsausdruck ist nicht freundlich und die Kleidung für ein Bewerbungsfoto nicht angemessen. Auch könnte das Tattoo nicht bei jedem Personalchef gut ankommen.

Der gleiche Bewerber, aber nun freundlich lächelnd und in Anzug und Krawatte. Was für ein Unterschied!

# Besondere Extraseiten

Ihre Bewerbungsmappe muss nicht nur aus Lebenslauf, Anschreiben und Anlagen bestehen. Auch zusätzliche Seiten sind möglich (siehe dazu »Ihre Bewerbungsmappe« auf S. 19). Die folgenden Vorschläge helfen, Ihre Unterlagen aufzuwerten. Richtig eingesetzt, sind sie eine positive Überraschung für die Leser. Verdeutlichen Sie sich: Es geht darum, sich von der Masse anderer Bewerbungen abzuheben.

Ob Sie Ihre Bewerbungsunterlagen mit einem Deckblatt starten, mit einer Inhaltsübersicht oder einer Einleitungsseite weitermachen, eine Anlagenübersicht (s. S. 43) nach Ihren beruflichen Daten einfügen, eine Dritte Seite (s. S. 40) nutzen oder ein ungewöhnliches PS am Ende Ihres Anschreibens formulieren: Sie entscheiden, was zu Ihnen und Ihrem Empfänger passt und was gefällt!

## Deckblatt

Wie bei einem Buch, das nicht sofort mit dem Inhaltsverzeichnis beginnt, hat ein Deckblatt die Funktion eines Titelblatts, das Sie ganz unterschiedlich gestalten können. Es soll den Einstieg erleichtern und neugierig auf das machen, was kommt. Zeigen Sie bereits an dieser Stelle, dass den Leser etwas Besonderes erwartet.

**Mögliche Bestandteile des Deckblatts**

- Name
- Kontaktdaten (von Adresse bis E-Mail)
- Beruf oder Berufswunsch
- Überschrift: »Bewerbungsunterlagen für (Unternehmen, Ansprechpartner, eventuell Adresse) ... von (Ihre Kontaktdaten)«
- Foto
- Zitat, persönliches Motto
- Unterschrift
- Datum, Ort

Simon Langenkamp, Gauburgstraße 83, 60318 Frankfurt am Main, Telefon 069 556677

**Bewerbungsunterlagen**

für die

**Horstmann Elektrik GmbH**

von

Simon Langenkamp
**Elektrotechniker**

**Deckblatt:** übersichtliche, klare Gestaltung. Der Empfänger findet sich angesprochen, der Absender gibt neben seiner Adresse und Telefonnummer gleich seine Berufsbezeichnung an.
Obwohl diese hier dem Leser sofort ins Auge fällt, hätte sie auch noch zusätzlich oben in die Absenderzeile eingefügt werden können. Eine Doppel-Positionierung ist ja kein Fehler, sondern erweckt Aufmerksamkeit.
Sie sehen, es gibt immer mehrere Möglichkeiten.
**Varianten:** Auf dieser Seite könnten auch Arbeitsschwerpunkte, Kernkompetenzen oder sonstige Selbstbeschreibungen bin hin zum Foto ihrem Platz finden.

## Die Dritte Seite

Warum eine Dritte Seite? Die im Anschreiben vorgetragenen Informationen und »Verkaufsargumente« werden in der Regel vom möglichen Arbeitgeber wegen der Vielzahl der eingehenden Bewerbungsunterlagen und des Zeitdrucks wenig beachtet.
So wird das Anschreiben oft nur schnell überflogen (10 Sekunden bis maximal 1,5 Minuten), um sich dann der beigefügten Bewerbungsmappe – insbesondere dem Foto des Bewerbers, seinem Lebenslauf und den formalen Arbeits- und Ausbildungszeugnissen – zuzuwenden.

Wenn der Leser aber auf eine Seite in Ihren Bewerbungsunterlagen mit der Überschrift:

**Was Sie sonst noch von mir wissen sollten ...**

stößt, wird der Text mit Sicherheit aufmerksam gelesen. Wem es an dieser Stelle gelingt, in wenigen kurzen Sätzen das richtige Bild von seiner Persönlichkeit und seinen beruflichen Fähigkeiten zu vermitteln, hat große Chancen, eine Einladung zum Vorstellungsgespräch zu erhalten.

Eine gut gemachte Dritte Seite hebt Sie positiv von der Menge der eingesandten Bewerbungsunterlagen ab.

**TIPP**

Thematisch kommen Aussagen zu Ihrer Person, Motivation und Kompetenz infrage. Versuchen Sie nicht, zu viele oder nichtssagende Informationen auf diese Seite zu pressen, das würde eher einen nachteiligen Eindruck hinterlassen. Und falls Sie unsicher sind, was Sie schreiben sollen: Lassen Sie eine Dritte Seite lieber weg, sie ist kein Muss und wird nur überzeugen, wenn sie wirklich gut gemacht ist!

Hier noch ein paar Überschriftenvorschläge:

**Zu meiner Bewerbung**
**Meine Motivation**
**Warum ich mich bewerbe**
**Zu meiner Person**
**Was Sie noch wissen sollten**
**Ich über mich**
**Was mich qualifiziert**
**Warum ich?**

Ob Sie diese Seite zum Abschluss unterschreiben (Ort und Datum nicht vergessen), steht Ihnen frei. Und falls Sie nur einen sehr kurzen Text einfügen möchten, können Sie dies auch ohne Extraseite im Anschluss an Ihren Lebenslauf tun. Das Bewerbungsbeispiel von Michael Hämmerle auf Seite 10 führt dies überzeugend vor.

Alfred Berning • Musterstraße 94 • 55430 Oberwesel • Tel. 0201 123456

# Resümee

**Ich bin**

ein optimistischer Mensch mit ausgeprägtem Selbstvertrauen und einem hohen Maß an Eigeninitiative. Es ist meine Überzeugung, dass alles wirklich Gewollte im Leben machbar ist. Entscheidungen und Risiken gehe ich nicht aus dem Weg. Auf Ehrlichkeit und Echtheit in Ausdruck und Verhalten lege ich großen Wert. Und noch etwas: Ich habe Humor.

**Ich kann**

mir Ziele selbst definieren und erreichen, viel leisten, Stress positiv erleben, gut planen und organisieren und mich voll und ganz engagieren.

**Ich habe**

Berufs- und Lebenserfahrung, ein gut entwickeltes Talent für Kommunikation und den Umgang mit Menschen. Dies macht mich erfolgreich.
Dabei habe ich mir die Fähigkeit zur Teamarbeit bewahrt. Neben fachlicher Kompetenz waren für meinen beruflichen Aufstieg vor allem Begeisterungsfähigkeit, Lernbereitschaft und Flexibilität entscheidend.

**Ich will**

eine Leitungsaufgabe, die meine Kenntnisse fordert, die Handlungsspielraum und Entwicklungschancen bietet, eine Position, in der ich meine Führungsqualitäten einsetzen und weiter ausbauen kann;
ein Unternehmen, mit dem ich mich identifiziere.

## Unser Kommentar

**Dritte Seite:** eine Überraschung für den Leser, beim durchblättern Ihrer Unterlagen auf so eine besondere Seite zu stoßen! Umso intensiver wird der Text gelesen und da die Seite angenehm gestaltet ist, hat sie einen enormen Wirkungsfaktor.
Der Text ist gut strukturiert und optisch sehr ansprechend dargeboten. Wer könnte sich hier entziehen und Ihre Botschaft nicht aufmerksam lesen.

**Unser Kommentar**

**Anlageverzeichnis:** so ein Verzeichnis ist eine tolle Serviceleistung für den Leser. Es ist sehr übersichtlich und interessant gestaltet und gibt einen schnellen Überblick, welche Anlagen (Zeugnisse, Referenzen) der Bewerbungsmappe beiliegen.
Aber auch als Angebot im Sinne von »Diese Zeugnisse/ Referenzen kann ich vorweisen, Ihnen nachsenden oder zum Vorstellungsgespräch mitbringen«, ist so ein Anlagenverzeichnis geeignet.

*Anlagen / Inhaltliche Gliederung*

**Arbeitszeugnisse / Referenzen**

- Kongresshotel Königshof, Trier
- ABC-Hotel GmbH, Berlin
- Astro Hotel, Wiesbaden
- Hotel-Restaurant Poch, Bellingen
- REWE-Süd-Großhandel, Spellbach
- Hotel-Restaurant Rössle, Waldenburg
- Hotel Hirsch, Fellbach
- Dienstzeugnis Bundeswehr
- Höhenhotel Berghaus, Lindach

**Seminare / Praktika**

- Grundkurs MS Excel
- Grundkurs MS Windows
- Produkt-Marketing und -Werbung
- Controlling
- Strategische Unternehmensführung
- Anerkannter Berater für Deutschen Wein
- Praktikums-Zeugnis Astro Hotel
- Praktikums-Zeugnis Hotel v. Korff

**Schulzeugnisse**

- Hotelwirtschaftsschule, Berlin
- Ausbildereignungsprüfung, IHK Berlin
- Berufsoberschule, Heilbronn
- Fachgehilfenbrief zum Koch

## Anlagenverzeichnis

Dieser Zusatz ist einfach, aber sehr effektiv. Platziert hinter den Lebenslaufseiten, gibt diese Seite dem Empfänger einen Überblick darüber, mit welchen beigefügten Unterlagen Sie ihn »schwarz auf weiß« beeindrucken wollen. Es geht um die Auflistung der üblicherweise im Anhang mitgelieferten Fotokopien von Ausbildungsabschlüssen, Fortbildungszertifikaten und Arbeitszeugnissen. Wenn Sie nur drei Anlagen beifügen möchten, ist ein Verzeichnis nicht nötig und wirkt übertrieben. Da es aber häufig schon bei jungen Bewerbern um bis zu zehn unterschiedliche Dokumente geht, ist ein Anlagenverzeichnis meist sehr sinnvoll und lesefreundlich.

**Mögliche Reihenfolge der Anlagen**

1. Arbeitszeugnisse (das neueste vorn)
2. Weiterbildungsnachweise (das neueste vorn)
3. Ausbildungs- und Schulabschlusszeugnisse (das neueste vorn)

Farbige Zwischenblätter können die einzelnen Rubriken voneinander abgrenzen. Jedes Zwischenblatt kann erneut mit einer Inhaltsübersicht der nun folgenden Blätter versehen sein.

**Wichtig:** Ob mit oder ohne Deckblatt, Dritter Seite oder Anlagenverzeichnis, ob sehr ausführlich oder kurz gehalten: Es bleibt Ihre Entscheidung, ob Sie sich für oder gegen diese Extraseiten entscheiden. Fragen Sie sich, welchen Eindruck Sie bei Ihrem potenziellen Arbeitgeber mit Ihren Bewerbungsunterlagen erzeugen wollen, und stellen Sie aufgrund dessen die Inhalte Ihres »(Be-)Werbeprospekts in eigener Sache« zusammen.

### Checkliste: Lebenslauf und Extraseiten

Haben Sie ...

- ✓ sich eine Abfolge der Daten Ihres beruflichen Werdegangs überlegt?
- ✓ eine sinnvolle Themenauswahl getroffen?
- ✓ klare Aussagen, Botschaften bezüglich Ihres Könnens, Ihrer Leistungsbereitschaft und Ihrer persönlichen Wesensart eingearbeitet?
- ✓ alle wichtigen Kontaktdaten aufgeführt wie Adresse, Handy, E-Mail?
- ✓ die Darstellung Ihrer wichtigsten Tätigkeiten aufbereitet?
- ✓ darauf geachtet, dass Ihre Daten lückenlos wirken?
- ✓ die aktuelle berufliche Station und die davor ausführlicher beschrieben?
- ✓ Ihre Erfolge gut herausgestellt, Sonderaufgaben benannt?
- ✓ Veränderungen Ihrer Aufgaben innerhalb einer Firma berücksichtigt?
- ✓ einen roten Faden in Ihrer beruflichen Entwicklung erkennen lassen?
- ✓ an Infos zu Ihrer Weiterbildung gedacht?
- ✓ sonstige Kenntnisse berücksichtigt?
- ✓ etwas über Ihre Interessen, Ihr Engagement, Ihre Hobbys erwähnt?
- ✓ ein ansprechendes Deckblatt, eine Dritte Seite mit persönlicher Botschaft und ein Anlagenverzeichnis gestaltet?
- ✓ Ihre Unterschrift, Ort und Datum nicht vergessen?
- ✓ alles kritisch und sehr sorgfältig gegenlesen lassen?

Nun sehen Sie ganz praktisch, wie die vorangegangenen Vorschläge ausgeführt werden können. Einige Beispiele:

**QUALIFIZIERTER KOCH**

für unsere Küche gesucht. Er sollte betriebswirtschaftliche Grundkenntnisse, Verantwortungsbewusstsein und Eigeninitiative besitzen.

**Voraussetzungen:**

- Ausbildung als Koch
- ernährungswissenschaftliche Fachkenntnisse
- Berufspraxis in der Gemeinschaftsverpflegung
- Erfahrungen im Zusammenstellen von Menüplänen

Erwünscht sind Kenntnisse in Personalführung, Arbeitsschutz und Hygiene.

Bewerbung mit den üblichen Unterlagen an: Kurklinik Grünberg, Rosenhofweg 22, 83707 Bad Wiessee, www.kkgruenberg@bad-wiessee.de

**_Ulrich Neuhaus_**

_Am Kirchplatz 6  86163 Augsburg  Tel.: 0821 6214934  E-Mail: uneuhaus@t-online.de_

Kurklinik Grünberg
Dr. Leopold Lederer
Rosenhofweg 22
83707 Bad Wiessee

Augsburg, 20.10.2008

**Anzeige im Münchner Kurier vom 17.10.08**
**- qualifizierter Koch gesucht -**

Sehr geehrter Herr Dr. Lederer,

als leidenschaftlicher Koch, für den schmackhaftes Essen und ein gesundes Leben zwei Seiten derselben Medaille sind, fühle ich mich von Ihrer Anzeige sehr angesprochen.

Ich habe sowohl in Restaurantküchen mit einer erlesenen Speisekarte gearbeitet als auch in einer Großküche für ca. 400 Personen. Während dieser Tätigkeit entwickelte ich eine Vollwert- und Diätmenü-Routine, die großen Anklang fand. Teamarbeit und die Fähigkeiten zur Improvisation waren gefragt in meiner Zeit als Koch in den USA und Mexiko. Dort habe ich auch viele neue Rezepte und Zubereitungsarten kennengelernt.

Von Ausflügen kenne ich die wunderbare Umgebung des Tegernsees. Hier zu arbeiten und zu leben, damit würde für mich ein Wunschtraum in Erfüllung gehen.

Ich freue mich auf ein Vorstellungsgespräch
und verbleibe mit freundlichen Grüßen aus Augsburg

Ulrich Neuhaus

Anlagen

### Unser Kommentar

**Absender:** kreativ und grafisch ansprechend gestaltet.
**Datum:** korrekt geschrieben und platziert.
**Betreffzeile:** kurz gefasst und mit den wichtigsten Angaben versehen. Schön ist die Gestaltung der zweiten Zeile mit den Gedankenstrichen.
**Anrede:** Herr Neuhaus hat sich telefonisch nach dem Ansprechpartner erkundigt. Sehr gut!
**Inhalt:** weckt Interesse. Im ersten Satz drückt er seine Motivation aus und geht im weiteren Text darauf ein, wieso er für diese Tätigkeit besonders geeignet ist. Mit der persönlichen Anmerkung über den Tegernsee und seine Umgebung bekundet er glaubwürdig sein Interesse am Umzug in den ländlichen Raum. Das gefällt dem Leser!
**Absätze:** gut strukturierte Absätze, die die wichtigsten Informationen beinhalten. Herr Neuhaus geht im zweiten Absatz auf die gewünschten Anforderungen der Stellenanzeige ein.
**Unterschrift:** leserlich, mit Vor- und Zuname.
**Länge:** genau richtig. Eine DIN-A4-Seite, nicht zu voll geschrieben und übersichtlich.
**Anlagen:** das Wort »Anlagen« reicht aus.
**Gestaltung:** übersichtlich und ansprechend. Dieses Anschreiben wird positiv ankommen.

**Deckblatt:** grafisch ansprechend und übersichtlich. Alle wichtigen persönlichen Angaben sind vorhanden. Herr Neuhaus wirkt auf dem Foto sehr sympathisch. Sogar eine Unterschrift unter dem Foto wäre vorstellbar und hätte einen positiven Effekt. Bild und Signatur sind sehr starke Persönlichkeitsmerkmalsträger.

# *Bewerbungsunterlagen*

Ulrich Neuhaus
**Koch**

Am Kirchplatz 6
86163 Augsburg

0821 6214934
uneuhaus@t-online.de

*Ulrich Neuhaus*

*Am Kirchplatz 6  86163 Augsburg  Tel.: 0821 6214934  E-Mail: uneuhaus@t-online.de*

## *Lebenslauf*

### *Persönliches*

| | |
|---|---|
| | Geburt am 21.4.1972 in Schwandorf |
| | verheiratet |

### *Berufserfahrung*

| | |
|---|---|
| seit 05/2003 | Koch, Zum Goldenen Hirschen, Augsburg<br>Position: Küchenleitung<br>Aufgabengebiete: Planung der Speisekarte, Kalkulation und Einkauf, Anleitung des Küchenpersonals |
| 06/1997 – 04/2003 | Koch, Werkskantine der Thompson AG, Ingolstadt<br>Aufgabengebiete: Vollwert- und Diätmenüs, Kalkulation |
| 03/1995 – 05/1997 | Koch, Gasthof Meyrhofer, Ulm<br>Aufgabengebiete: Planung der Speisekarte, Süßspeisen, Anleitung des Küchenpersonals |
| 07/1993 – 02/1995 | »Wanderjahre« als Koch in verschiedenen Restaurants im Ausland (USA und Mexiko) |

### *Schule und Berufsausbildung*

| | |
|---|---|
| 1991 – 1993 | Lehre als Koch, Zum Roten Löwen, Bayreuth |
| 1988 – 1990 | Lehre als Bäcker, Bäckerei Mosbacher, Schwandorf |
| 1982 – 1988 | St.-Martin- Oberschule, Schwandorf (erweiterter Hauptschulabschluss) |
| 1978 – 1982 | Grundschule in Schwandorf |

**Persönliche Daten:** erfüllen ihren Zweck, nicht unwichtig der Hinweis, dass er verheiratet ist.
**Aufbau:** die grafische Gestaltung und Aufteilung des Blattes sind sehr übersichtlich und ansprechend.
**Inhalt:** Herr Neuhaus weist bei seiner Bäckerlehre nicht extra darauf hin, dass er sie abgebrochen hat – die Gründe hierfür kann er im Vorstellungsgespräch erläutern.

**Inhalt:** sehr schön die ausführliche Auflistung seiner Fortbildungen. Diese Information ist sehr wichtig: Sie zeigt die Bereitschaft, sich beruflich weiterbilden zu wollen.
Seine Hobbys zeugen von körperlicher Fitness, Weltoffenheit und sozialer Verantwortung.
**Datum/Unterschrift:** korrekt datiert und unterschrieben.

***Ulrich Neuhaus***

*Am Kirchplatz 6   86163 Augsburg   Tel.: 0821 6214934   E-Mail: uneuhaus@t-online.de*

***Fortbildung***

»Kalorienarme Gerichte schmackhaft zubereitet«
Verband Deutscher Köche e.V., München
»Arbeitsschutz und Hygiene in Großküchen«
IHK Nürnberg-Mittelfranken
»Der Einsatz des Computers in Großküchen«
IHK Nürnberg-Mittelfranken
»Exotik in der deutschen Küche«
Verband Deutscher Köche e.V., München

***Hobbys***

Windsurfen und Schwimmen
Reisen, bevorzugt in südlichen Ländern
Training der Jugend-Handballmannschaft des SV Augsburg

Augsburg, 20.10.2008

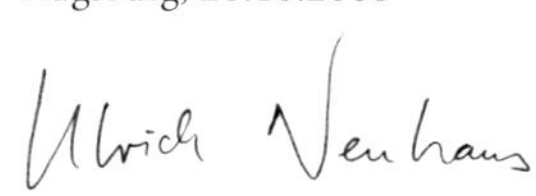

***Ulrich Neuhaus***

*Am Kirchplatz 6 86163 Augsburg Tel.: 0821 6214934 E-Mail: uneuhaus@t-online.de*

*Warum mich das Aufgabenfeld reizt …*

Essen und Trinken hält Leib und Seele zusammen.
Für mich ist das mehr als nur ein Motto,
es ist gelebte Berufspraxis – denn meine Erfahrungen
zeigen, dass bewusst zubereitete, schmackhafte Speisen
für jeden Menschen ein wesentlicher Schlüssel
zum Wohlbefinden sind.

Die Zubereitung von Speisen in einer Kurklinik
bedeutet für mich Verbindung von Kreativität,
Wohlgeschmack und Gesundheit, die ich seit Jahren
in meiner Arbeit anstrebe.

**Dritte Seite:** mit dieser Seite (wir nennen sie die »Dritte Seite«) stellt sich Herr Neuhaus seinem zukünftigen Arbeitgeber als eine Persönlichkeit vor, für die ihr Beruf mehr ist als nur ein Job.
Er betont den Stellenwert, den das Kochen und Essen seiner Meinung nach für die Gesundheit hat. Damit macht er sich zu einem bemerkenswerten, fast schon idealen Kandidaten für einen Kurbetrieb, der ganz sicher das Interesse des Lesers auslöst und eine Einladung zum Vorstellungsgespräch bekommt.

**Anlagenverzeichnis:** rundet die Bewerbung sehr schön ab. Es ist wie die anderen Unterlagen auch übersichtlich gestaltet und gut strukturiert.
Zuerst hat Herr Neuhaus seine letzten beiden Arbeitszeugnisse den Bewerbungsunterlagen beigelegt und im Anschluss daran die Prüfungszeugnisse der Ausbildung als Koch und das Zwischenprüfungszeugnis seiner (abgebrochenen) Bäckerausbildung.
Dahinter folgen die Zertifikate seiner Fortbildungen.
Sehr gute, weil wohlüberlegte Abfolge der Anlagen!

***Ulrich Neuhaus***

*Am Kirchplatz 6 86163 Augsburg Tel.: 0821 6214934 E-Mail: uneuhaus@t-online.de*

## *Anlagen*

Zeugnis Thompson AG, Ingolstadt

Zeugnis Gasthof Meyrhofer, Ulm

Prüfungszeugnis der IHK Nürnberg-Mittelfranken
Ausbildung als Koch

Zeugnis über die Zwischenprüfung der IHK Nürnberg-Mittelfranken
Ausbildung als Bäcker

Zertifikat des Verbands Deutscher Köche e.V., München:
»Kalorienarme Gerichte schmackhaft zubereitet«

Zertifikat der IHK Nürnberg-Mittelfranken:
»Arbeitsschutz und Hygiene in Großküchen«

Zertifikat der IHK Nürnberg-Mittelfranken:
»Der Einsatz des Computers in Großküchen«

Zertifikat des Verbands Deutscher Köche e.V., München:
»Exotik in der deutschen Küche«

# Ihr Anschreiben

## Wie Sie Ihr Vorhaben am besten begleiten

Das Anschreiben ist als Ihre Visitenkarte zu sehen. Es kann Ihre Chancen, zu einem Vorstellungsgespräch eingeladen zu werden, erhöhen oder vermindern. Meist wird es kurz überflogen und erst richtig gelesen, wenn Ihr Lebenslauf Sie als einen interessanten Kandidaten erscheinen lässt.

**Wichtig:** Sie sollten das Anschreiben erst verfassen, wenn Sie den Lebenslauf fertiggestellt haben. Stimmen Sie es anschließend auf die im beruflichen Werdegang aufgeführten Daten ab.

Ein gut formuliertes Anschreiben weckt nachhaltige Aufmerksamkeit und Interesse. Dabei kann Ihnen die folgende Grundregel aus der Werbepsychologie behilflich sein: die AIDA-Formel.

**AIDA steht für:**
**A** = attention (Aufmerksamkeit für Ihre Bewerbung erzeugen, z. B. mit einer guten Betreffzeile)
**I** = interest (Interesse an Ihrer Person, an Ihren Fähigkeiten wecken)
**D** = desire (Wunsch entstehen lassen, Sie zum Vorstellungsgespräch einzuladen, weil Sie etwas Besonderes anzubieten haben)
**A** = action (die Handlungsaktivität »Einladung« veranlassen, Grußformel)

### Ihr Ziel

Es kommt darauf an, in konzentrierter Form alle wichtigen Argumente, die für Sie sprechen (und zu einer Einladung führen), gut formuliert vorzutragen. Der Leser soll auf Sie als Person neugierig gemacht werden. Es muss der Wunsch entstehen, Sie kennenzulernen.

### Zum Umfang

Bei Ihrem Bewerbungsanschreiben sollten Sie vor allem das alte Sprichwort »In der Kürze liegt die Würze« berücksichtigen und nicht mehr als eine Seite schreiben. 1 1/2 bis maximal 2 Seiten sind in besonderen Fällen vielleicht gerechtfertigt, erzeugen aber beim eiligen Leser Ungeduld und gegebenenfalls Unmut. Wer 3 Seiten oder mehr schreibt, bringt sich um jede Chance. Erzählungen oder ganze Romane sind für den weiteren Bewerbungsverlauf absolut tödlich.

### Zum Inhalt

Versuchen Sie zu erklären, warum Sie der richtige Bewerber bzw. die richtige Bewerberin für die zu besetzende Stelle sind. Was sind Ihre Qualifikationen und Qualitäten, die z. B. den im Anzeigentext genannten Anforderungen entsprechen? Um zu punkten, beantworten Sie ebenso klar wie knapp folgende Fragen: Warum bewerben Sie sich, wo stehen Sie jetzt und was sind Ihre Ziele? Beenden Sie Ihren Brief mit der Bitte um ein Vorstellungsgespräch, der Grußformel, Ihrer Unterschrift, dem Hinweis auf die Anlagen und eventuell auch noch einem PS (s. S. 55).

## Die wichtigsten formalen Regeln

Vieles ist geregelt (nach der DIN-Norm, schließlich leben wir in Deutschland!) und dennoch gibt es keine einheitlichen Layout-Vorschriften, jedoch sollte man sich an bestimmte Regeln und Normen halten.

**Die neue DIN 5008**
Die wichtigsten Neuerungen:

- Die Leerzeile im Anschriftenfeld zwischen Name/Straße und Ort fällt weg.
- Datumsschreibweise: 28.10.2008 oder 28. Oktober 2008
- Telefonnummern werden in Ortsvorwahl und Anschlussnummer gegliedert. Die Durchwahl wird durch einen Bindestrich von der Hauptwahl getrennt: 0511 1234-567. Bei einer internationalen Nummer wird die Landesvorwahl, z. B. für Deutschland +49, vorangestellt und die Null der Ortsvorwahl weggelassen: +49 511 1234-567.

Beispiele und weitere DIN-Regeln finden Sie in Artikeln der einschlägigen Büro-Fachpresse oder dem Internet

Hier weitere Hinweise, wie Sie Ihr Anschreiben gestalten können:

**Wichtig:** Das Anschreiben wird nicht in die Mappe gelegt, es liegt immer obenauf!

**Seitenrand**
Links etwa 20–30 mm (am besten 25 mm), rechts etwa 5–10 mm (am besten 7,5 mm).

**Briefkopfgestaltung**
Ganz oben stehen Ihr Name und Ihre Anschrift (möglichst komplett mit Telefon, Handy und E-Mail). Die Gestaltungsmöglichkeiten sind vielfältig. Schauen Sie sich auch unsere anderen Bewerbungsbeispiele im Buch genau an, sicher finden Sie dort Anregungen für Ihren Briefkopf.

**Anschrift des Empfängers**
Diese beginnt mit der ersten Zeile etwa 50 mm vom oberen Blattrand (entspricht ca. der Zeile 7). Beachten Sie, dass zwischen der Straße und dem Ort keine Leerzeile mehr gesetzt wird.

**Schriftarten, Größen und Zeilenabstand**
Am häufigsten werden »Times New Roman« (in den Größen 11 bis 13) und Arial (Größe 10 bis 12) verwendet. Sie können aber auch eine andere Schrift verwenden. Den Zeilenabstand wählen Sie bitte nicht zu groß, am besten einzeilig, wobei es auf den Gesamteindruck (z. B. wie voll ist die Seite?) ankommt.

Zum Fließtext: Eine nicht zu volle Seite ermutigt den Empfänger, sich gerne mit dem Text zu beschäftigen. Verwenden Sie lesefreundliche kurze Sätze, fügen Sie Absätze hinzu (etwa 4 bis 6), die Länge eines Absatzes sollte möglichst nicht mehr als 4 bis 6 Zeilen betragen (siehe Beispiele).

Simon Timmler · Drosselweg 51 · 71634 Ludwigsburg · 0163 1234567 · s.timmler@yahoo.de

Briefkopfgestaltung
Beispiel 1

**SIMON TIMMLER**
Drosselweg 51
71634 Ludwigsburg
s.timmler@yahoo.de
0163 1234567

Briefkopfgestaltung
Beispiel 2

### Datum

Hier gibt es zwei Varianten:
Berlin, 05.01.09
oder
Berlin, 5. Januar 2009

## Die wichtigsten inhaltlichen Regeln

### Betreffzeile

Vorneweg: Der Begriff »Betreff« (oder »Betr.«) wird heute nicht mehr hingeschrieben. Trotzdem ist die Betreffzeile eine tolle Chance, positiv aufzufallen. Sie dürfen Fett- oder Kursivdruck verwenden, sogar unterstreichen oder einfärben und bis zu drei Zeilen (muss aber nicht! häufig sind es nur 1 bis 2 Zeilen) schreiben. Hauptsache es gelingt Ihnen, Aufmerksamkeit zu wecken. Inhaltlich steht hier meistens der Bezug zur Bewerbung und Ihr Mitarbeitsangebot (siehe Beispiele rechts).

**Textbausteine für Betreffzeilen:**

- *Elektrotechniker mit langjähriger Berufserfahrung sucht neue Herausforderung als ...*
- *Ihr Stichwort: tüchtige Sekretärin; meines: Das bin ich!*
- *Sie suchen ... Ich biete ... (Zutreffendes einsetzen!)*
- *Das wird ein wunderbarer Start ... Vertrauen Sie meiner Problemlösungskompetenz*

### Die Anrede

»Sehr geehrte Damen und Herren« ist nicht schön, weil unpersönlich. Finden Sie heraus, wie der Empfänger und Entscheider heißt, z. B. durch ein Vorabtelefonat mit der Firma. Im Zweifel schreiben Sie namentlich an den Inhaber (Geschäftsführer, Personalleiter etc.) und gleich darunter an die »sehr geehrten Damen und Herren ...«).

### Zum Auftakt

Jeder Journalist muss seine Leser mit dem ersten Satz neugierig machen und zum Weiterlesen »verführen«. Denn Leser sind ungeduldig. Genau dasselbe gilt auch für Personalentscheider. Deshalb sollten Sie den Einstieg zu Ihrer Bewerbung so gestalten, dass Ihr Arbeitgeber »dranbleiben« will. »Hiermit bewerbe ich mich um ...« oder »Ich beziehe mich auf Ihre Anzeige ...« sind langweilige Einstiege. Als Richtlinien für den Anfang gelten: Spannung erzeugen – Interesse wecken – Freundlichkeit vermitteln.

**Beispiele für eine elegante Eröffnung:**

- *Sie beschreiben eine berufliche Aufgabe, die mich besonders interessiert ...*
- *Mit großem Interesse habe ich Ihre Anzeige gelesen und möchte mich Ihnen als ... vorstellen ...*
- *Die von Ihnen ausgeschriebene Position/ Aufgabe ...*

### Der Hauptteil

Hier gilt es, in kurzer und prägnanter Form darzustellen, warum Sie sich bewerben und weshalb gerade Sie der richtige Bewerber sind. Zeigen Sie, dass Sie genau ins Anforderungsprofil der Firma passen und was Sie Besonderes zu bieten haben.

### Zum Schluss

Keine Plattheiten, sondern einen freundlich-verbindlichen Schlusston setzen. Der letzte Satz klingt immer noch ein paar Momente im Gedächtnis nach.

**Vorschläge für Abschlussformulierungen:**

- *Wenn ich Ihr Interesse geweckt habe, würde ich mich über eine Einladung zu einem Vorstellungsgespräch sehr freuen.*
- *Sollten Ihnen meine Bewerbungsunterlagen zusagen, stehe ich Ihnen gern zu einem Vorstellungsgespräch zur Verfügung.*
- *Sollten Sie nach Durchsicht meiner Unterlagen weitere Informationen bzw. ein persönliches Gespräch wünschen, so stehe ich hierfür gern zur Verfügung.*
- *Ich würde mich freuen, wenn Sie mich zu einem Vorstellungsgespräch einladen. Hier können wir dann gegebenenfalls weitere Details wie Eintrittstermin und Anfangsgehalt besprechen.*
- *Für weitere Auskünfte stehe ich Ihnen gerne in einem persönlichen Gespräch jederzeit zur Verfügung.*
- *Über die Einladung zu einem Vorstellungsgespräch freue ich mich.*

### Zur Grußformel

Üblich sind folgende Formulierungen: »Mit freundlichen Grüßen« oder »Mit besten Grüßen«. Sie können aber auch »Herzliche ...« oder »Viele Grüße« unter dem Zusatz: »... nach Berlin« bzw. »aus Musterstadt« (Ihrem Ort) senden.

**Wichtig:** »Hochachtungsvoll« schreibt man heutzutage nicht mehr und es steht auch kein Komma nach der Grußformel.

**Zur Unterschrift**
Unterschreiben Sie am besten mit blauer Tinte oder einem hochwertigen tintenähnlichen Schreibstift (nicht mit Kugelschreiber). Und zwar immer mit Vor- und Zunamen, so leserlich, dass man es nachvollziehen kann. Ihr Name sollte nicht maschinenschriftlich wiederholt werden, d. h. nicht noch einmal unter der Unterschrift gedruckt stehen.

**Zum Anlagenvermerk**
Etwa 3 bis 5 Zeilen unter der Grußformel, davor Ihre Unterschrift. Es ist ausreichend, hier mit dem Wort »Anlagen« auf Ihre Bewerbungsunterlagen zu verweisen. Sie brauchen nicht alles einzeln aufführen.

**Zum PS**
Sehr interessant ist die PS-Notiz, die Sie ebenfalls auffällig gestalten dürfen. Nutzen Sie hier die Gelegenheit, durch einen Nachsatz nochmals auf sich und Ihr Anliegen aufmerksam zu machen, wie beispielsweise durch einen Hinweis, ein Versprechen oder ein Kompliment.

**Beispiele Textbausteine für PS-Zeilen:**

- *PS: Mit einer kleinen Arbeitsprobe möchte ich Sie von meiner Kompetenz überzeugen. Können wir dazu in den nächsten Tagen telefonieren?*
- *PS: Ich bin mir sicher, die von Ihnen gestellten Aufgaben aufgrund XYZ zu Ihrer vollsten Zufriedenheit lösen zu können. Bitte rufen Sie mich an.*
- *PS: Ich gebe meine Unterlagen persönlich ab ... (um mir schon einmal selbst einen Eindruck von der Atmosphäre in Ihrem Unternehmen zu machen).*

**Kurz und übersichtlich: kreative Gestaltungsmöglichkeiten von Anschreiben**

- Per Hand (auf leserliche Handschrift und gutes Schreibwerkzeug achten, gegebenenfalls auch die Farbe der Schrift berücksichtigen)
- Format (anderes Format als DIN A4, Sie können auch eine Art Visitenkarte oder Postkarte als Kurz-Anschreiben nutzen)
- Briefkopf, Absender (Platzierung und Gestaltung)
- Foto (bereits hier, was nicht ein weiteres auf der entsprechenden Lebenslaufseite ausschließt!)
- Betreffzeile (Inhalt und Gestaltung)
- Anrede (nicht nur namentlich, sondern auch per Hand geschrieben)
- Inhalt (Länge und Positionierung)
- Unterstreichungen, Fettungen, Kursivsetzungen oder Farbmarkierungen
- Abschlussformel (mit Grüßen aus oder von/nach, s. S. 54)
- Nicht vergessen: Unterschrift immer Vor- und Zuname, möglichst in Königsblau, kein Kugelschreiber!
- PS (Nachsatz, Hinweis, interessanter Eyecatcher, siehe links)

**Übersicht: Aufbauschema Anschreiben**

**Adresse**
Name, Adresse, Telefonnummer, E-Mail-Adresse

**Anschrift**
Firma
Ihr Ansprechpartner
Firmenadresse

**Ort, aktuelles Datum**
Musterstadt, 01.01.2009

**Betreffzeile**

**Die Anrede**
Sehr geehrte Frau ... / Sehr geehrter Herr ...
(hier eine Leerzeile einfügen)

**Der 1. Absatz**
Sagen Sie hier etwas zum Aufgabengebiet, zum Arbeitsort und zum Arbeitgeber. Vermeiden Sie einen langweiligen Einleitungssatz wie »hiermit bewerbe ich mich um ...«.

**Der 2. und eventuell 3. Absatz**
Hier können Sie auf die in der Anzeige angegebenen Anforderungen eingehen. Zählen Sie dabei nicht alles wortwörtlich auf. Überlegen Sie, bei welchen Gelegenheiten Sie schon diese Eigenschaften bewiesen haben – also z. B. Tatkraft, Geduld, Belastbarkeit oder Teamgeist. Dann beschreiben Sie kurz eine solche Situation.

**Der letzte Absatz**
Schreiben Sie, dass Sie interessiert an einem persönlichen Gespräch sind.

**Grußformel**
Mit freundlichen Grüßen

**Unterschrift**
Sie unterschreiben gut leserlich mit Vor- und Zunamen, möglichst mit blauer Tinte.

**Anlagen**

## Checkliste: Anschreiben

- ✓ Haben Sie zuerst Ihren Lebenslauf erstellt und Ihr Anschreiben darauf abgestimmt?
- ✓ Ist der Briefkopf (Ihre Absenderdaten) vollständig mit: Name, Anschrift, Adresse, Telefon-/Mobiltelefonnummer, E-Mail-Adresse?
- ✓ Ist die Empfängeranschrift korrekt? Haben Sie einen konkreten Ansprechpartner genannt?
- ✓ Sind Absendeort und -datum richtig platziert?
- ✓ Gibt es eine Betreffzeile (bitte ohne »Betr.«), die klar Auskunft gibt, worum es geht?
- ✓ Ist das Anschreiben lesefreundlich (Schriftgröße 11-13, Schrifttyp nicht zu ausgefallen, Seitenrand ca. 4 cm links, ca. 3 cm rechts)?
- ✓ Sind alle geforderten Angaben (Gehaltswunsch, möglicher Einstiegstermin etc.) beantwortet?
- ✓ Haben Sie unterschrieben (Vor- und Zuname, keine maschinenschriftliche Wiederholung Ihres Namens)?
- ✓ Haben Sie an die Anlagen (allein das eine Wort »Anlagen« unten reicht bereits) gedacht?
- ✓ Denken Sie daran, dass das Anschreiben lose auf der Mappe liegt.
- ✓ Vermeiden Sie Flecken, Eselsohren oder zerknittertes Papier.
- ✓ Wurde Ihr Anschreiben kritisch und sehr sorgfältig von einer anderen Person gegengelesen?

**Sanitärhaus Sturm**

Wir suchen einen jungen, fleißigen Sanitärfachmann, der auch gelegentlich in unserem Hauptgeschäft unsere Kunden berät.

Wir erwarten
- abgeschlossene Berufsausbildung
- mindestens 3-jährige Berufspraxis
- selbstständiges Arbeiten
- Flexibilität (auch Wochenenddienst)
- Erfahrungen im Verkauf
- möglichst PC-Kenntnisse

Ihre schriftliche Bewerbung richten Sie an:
Anton Sturm, Burgallee 135, 21205 Hamburg

**Was ist wichtig**

Hier sucht ein Handwerksbetrieb eine neue Arbeitskraft. Wichtig scheint die Einsatzfreude und die zeitliche Flexibilität des jungen und doch schon erfahrenen Bewerbers zu sein. Aber auch Selbstständigkeit und Verkaufserfahrungen sowie PC-Kenntnisse werden gewünscht. Da eine Adresse angegeben ist, könnten Sie gegebenenfalls selbst das Unternehmen aufsuchen, um einen ersten persönlichen Eindruck davon zu bekommen, wie die Atmosphäre im Betrieb ist, und natürlich um einen ersten und vor allem guten Eindruck von sich zu hinterlassen. Je sympathischer Sie bei der ersten Begegnung mit Ihrem möglichen neuen Arbeitgeber wirken, desto besser.

**Unser Bewerber**

*Peter Pischer ist gelernter Gas- und Wasserinstallateur und hat bereits fünf Jahre in seinem Beruf als Geselle gearbeitet. Seit einem halben Jahr ist er arbeitslos, nachdem der Kleinbetrieb seines Meisters, bei dem er auch die Ausbildung gemacht hatte (Abschluss: gut) Konkurs ging. In dieser Zeit hat er einen Fortbildungslehrgang besucht und sich als Aushilfstätigkeit einen Nebenjob als Hausmeister organisiert. Nun möchte er endlich wieder in einem Handwerksbetrieb seiner Branche einen vollen Arbeitsplatz einnehmen. Er ist flexibel, was den Arbeitsanfang anbetrifft, und hat seine Unterlagen nach einem Vorabtelefonat persönlich vorbeigebracht und abgegeben. Nicht schlecht! Das schafft einen hohen Aufmerksamkeits- und Erinnerungswert.*

Auf der folgenden Seite sehen Sie nun das Ergebnis.

**Peter Pischer   Am Wallgraben 2   20201 Hamburg   Telefon: 040 3542612**

Herrn
Anton Sturm
Sanitärhaus Sturm
Burgallee 135
21205 Hamburg

Hamburg, 29.11.2008

**Ihre Anzeige vom 25.11.2008 im Abendblatt**
Ihr Stichwort: fleißiger Sanitärfachmann
Meines: … **der bin ich!**

Sehr geehrter Herr Sturm,

vielen Dank für das freundliche und informative Telefonat. Ihre Ausführungen haben mich bestärkt, Ihnen meine Bewerbungsunterlagen persönlich vorbeizubringen.

Nach meiner Ausbildung zum Gas- und Wasserinstallateur (Abschlussnote: gut) habe ich fünf weitere Jahre in meinem Ausbildungsbetrieb gearbeitet. Während dieser Zeit wurde ich sowohl mit Aufgaben der Altbausanierung betraut als auch in unserem Verkaufsgeschäft in der Müllerstraße bei der Kundenberatung und **im Verkauf eingesetzt.**

Der Umgang mit der Kundschaft hat mir immer sehr viel Spaß gemacht und ich denke von mir sagen zu können, dass ich ein gewisses **Verkaufstalent** habe. Da wir ein Kleinbetrieb waren, hat mich mein Chef von Anfang an stark gefordert und mir eine sehr selbstständige Arbeitsweise abverlangt. Diese habe ich dann auch – wie Sie aus meinem Arbeitszeugnis entnehmen können – zu seiner vollsten Zufriedenheit erfüllt.

Bedingt durch den Konkurs meines Arbeitgebers aufgrund eines Großkunden, der selbst in Zahlungsschwierigkeiten gekommen war, musste ich mich um eine andere Tätigkeit zur Überbrückung bemühen.
Diese fand ich kurz darauf als Hausmeister und handwerkliche Allroundkraft.
Hier habe ich nicht nur meine Flexibilität und Einsatzstärke erneut unter Beweis gestellt, sondern konnte auch meine sonstigen handwerklichen Fähigkeiten weiter ausbauen. Zusätzlich habe ich mich in dieser Zeit beruflich fortgebildet, wie Sie den beigefügten Anlagen entnehmen können.

Es würde mich freuen, Sie in einem Vorstellungsgespräch von meiner Qualifikation zu überzeugen und bitte Sie deshalb, mich einzuladen.
**Eine Arbeitsaufnahme könnte dann sehr schnell erfolgen.**

Mit freundlichen Grüßen

Peter Pischer

PS: Diese Bewerbungsunterlagen erstelle ich auf meinem eigenen PC (Model XXX), sodass ich Ihre Anforderungen diesbezüglich sicher erfüllen kann.

Anlagen

**Unser Kommentar**

**Absender:** die Briefkopfzeile ist vollständig und nicht langweilig.
**Datum:** ist in der richtigen Form präsentiert.
**Betreffzeile:** sehr aussagekräftig (pointiert) formuliert (Anzeige, Zeitung, Zeitpunkt und mehr!).
**Anrede:** persönlich formuliert und vorab telefoniert, was die Chancen enorm erhöht.
**Inhalt:** wirkt überzeugend. Stilistisch ein gelungener Text (keine »Hänger« oder ständige »Ich«-Satzanfang-Wiederholungen). Der Bewerber bringt Argumente, die für ihn sprechen und als Anforderung im Anzeigentext des Unternehmens standen. Die Gliederung (Absatzgestaltung!) ist schön und enthält keine ungeschickte Aussage über die aktuelle Arbeitslosigkeit.
**Länge:** ein wenig kürzer wäre besser.
**Absätze:** ordentlich, gut strukturiert
**Unterschrift:** richtig so!
**PS:** am Ende ist ein besonders gut gelungener, überzeugender Hinweis.
**Anlagen:** genau so reicht es!
**Gestaltung:** raffiniert. An wenigen, aber wichtigen Stellen ist der Text fett bzw. unterstrichen.
**Fazit:** sehr gute Chance, vom Vorab-Telefonat, der mutig entschlossenen persönlichen Vorbeibring-Aktion bis zum PS.

# Sonderformen der Bewerbung

Nach den klassischen Arten, sich zu bewerben, gibt es Sonderformen der Bewerbung. Es handelt sich um:

- die Bewerbung auf eine Chiffre-Anzeige
- die Kurzbewerbung
- die unaufgeforderte Bewerbung (»Initiativbewerbung«)
- das eigene Stellengesuch
- die E-Mail-Bewerbung
- die Bewerbung über ein Online-Formular

## Bewerbung auf eine Chiffre-Anzeige

Chiffre-Anzeigen haben die Funktion, den Inserenten (den Arbeitgeber) zunächst anonym zu lassen.
Dies geschieht in der Regel aus folgenden Gründen: Man möchte ein zu frühes Bekanntwerden der ausgeschriebenen Stelle verhindern und so Unruhe unter den Mitarbeitern vermeiden. Die Firma expandiert, verändert die Struktur in den Abteilungen und will dies nicht jeden (insbesondere die Konkurrenz) wissen lassen. Oder: Das Unternehmen hat keinen bedeutenden Namen oder ein beschädigtes Image und versucht auf diese Weise, eine mögliche Bewerbungshemmschwelle zu umgehen.

Man richtet seine Bewerbung nicht an das Unternehmen selbst, sondern an die Zeitung, die die Anzeige veröffentlicht hat. Diese leitet die Post dann weiter. Achtung: Es ist zwar unwahrscheinlich, dass Ihr jetziges Unternehmen genau diese Anzeige aufgegeben hat, kann aber dennoch sein – es wäre ungünstig, wenn Sie dann versehentlich Ihre Wechselabsichten preisgeben. Um das zu verhindern, können Sie Ihre Unterlagen mit einem Sperrvermerk kennzeichnen. Legen Sie in diesem Fall einen an Sie adressierten und ausreichend frankierten Rückumschlag bei.

## Kurzbewerbung

Eine Kurzbewerbung enthält das Bewerbungsanschreiben mit allen auf Seite 56 dargestellten Fakten zu Ihrer Qualifikation und Bewerbungsmotivation und einen kurz gefassten Lebenslauf mit Foto. Einer Kurzbewerbung werden keine weiteren Unterlagen, wie beispielsweise Anlagen oder Extraseiten (Dritte Seite, s. S. 40 etc.) beigefügt. Es kann sogar auf den Lebenslauf verzichtet werden. Im Bewerbungsanschreiben sollte jedoch die Formulierung enthalten sein, dass Sie auf Wunsch Ihre vollständigen Bewerbungsunterlagen zusenden werden.

Eine Kurzbewerbung kann auch bei einer Initiativbewerbung angemessen sein. In diesem Fall dient sie beiden Parteien (Absender und Empfänger) dazu, schnell abzuklären, ob die Chancen für ein weiterführendes Bewerbungsverfahren gut sind. Eine Seite Anschreiben und eine Seite Lebenslauf sind völlig ausreichend und nur noch durch die Kombination von Anschreiben und Lebenslaufdaten auf einer Seite zu toppen.

**ALEXANDER ARNDT**
Quentinufer 67
32052 Herford
Tel. 05221 3456529

Reparatur Service GmbH
Herrn Volker Friedrichsen
Im Schiernholz 8
32049 Herford

Herford, 02. Dezember 2008

Sehr geehrter Herr Friedrichsen,

ich möchte Sie gern auf jemanden aufmerksam machen: auf mich.

| | |
|---|---|
| Wer ich bin? | Alexander Arndt, 50 Jahre alt und ein engagierter und erfahrener Kfz-Schlosser. |
| Was ich möchte? | Einen Arbeitsplatz in Ihrem Unternehmen, das ich bereits als Kunde kennen- und sehr schätzen gelernt habe. Gern möchte ich hier meine Stärken wie Präzision, Geschicklichkeit und Selbstständigkeit einsetzen. |
| Was ich kann? | Ich biete Ihnen langjährige Erfahrung mit den verschiedensten Fahrzeugtypen: VW/Audi, Ford, Volvo und Mercedes. Die Reparatur und Wartung von LKWs gehört auch zu meinem Repertoire, ebenso wie der Führerschein Klasse B. Außerdem bringe ich gute Kenntnisse der hydraulischen, pneumatischen und elektronischen Systeme und Anlagen mit. Eine permanente Fortbildung ist mir sehr wichtig. Daher habe ich verschiedene Schweißerlehrgänge besucht und erfolgreich abgeschlossen. Ich arbeite gern im Team, bin aber dank meines Organisationstalents und großer Flexibilität auch in der Lage, eigenverantwortlich zu handeln. |

Gern sende ich Ihnen weitere Unterlagen zu. Selbstverständlich stehe ich jederzeit für ein persönliches Gespräch zur Verfügung.

Mit freundlichen Grüßen

### Unser Kommentar

**Absender:** ein interessant »komponierter« Briefkopf. Die grafische Gestaltung mit dem grauen Kasten wird im quadratischen Foto wiederholt.
**Anrede:** der Kandidat hat sich über die Firma erkundigt, denn er kann den Ansprechpartner benennen.
**Inhalt:** auch in dieser Kurzform versteht es der Bewerber für sich zu werben. Der Hinweis, weitere Unterlagen zusenden zu können, ist bei einer Kurzbewerbung wichtig und darf keinesfalls vergessen werden.
**Sehr schön:** es wird begründet, warum der Bewerber gerade in diesem Unternehmen tätig werden will (er kennt die Firma als Kunde und schätzt sie sehr).
**Fazit:** eine insgesamt gute und einfallsreiche Kurzbewerbung.

## Initiativbewerbung

Ob als Blind-, Direkt-, kalte, aktive oder unaufgeforderte Bewerbung bezeichnet – gemeint ist immer dasselbe: Sie nehmen von sich aus unaufgefordert Kontakt zu einem möglichen Arbeitgeber auf. Gut formuliert und ansprechend präsentiert haben Initiativbewerbungen eine gute Chance. Etwa 20 Prozent aller Bewerber erhalten auf diesem Weg einen Job. Vorteil: Sie sind nicht einer von vielen Bewerbern, die Konkurrenz ist deutlich geringer. Weiterer Vorteil: Wenn Sie in der Bewerbungsphase aktiv eigene Ideen verwirklichen, die über das bloße Reagieren hinausgehen, stärkt das Ihr Selbstbewusstsein. Innere Zufriedenheit und Selbstvertrauen sind wesentliche Faktoren, um sich wohlzufühlen und überzeugend zu wirken. Hier geht es vor allem darum, die AIDA-Formel zu berücksichtigen (s. S. 51) und einen besonders guten »(Be-)Werbungsprospekt« in eigener Sache zu entwerfen. Die Herausforderung dabei ist, besonders kurz und präzise darzustellen, warum Sie gerade in diesem Unternehmen, in dieser Position arbeiten wollen und was Sie Besonderes zu bieten haben.

## Stellengesuch

Ein eigenes Stellengesuch aufzugeben ist eine weitere, wenn auch meist mit Kosten verbundene Möglichkeit, aktiv eine neue Arbeitsstelle zu finden. Wählen Sie daher sorgfältig das richtige Medium (Tageszeitung, Branchenpresse, Internet-Jobbörse) für Ihre Stellenanzeige aus.

Ein gutes Stellengesuch zeichnet sich durch einen dichten Informationsgehalt auf engem Raum aus. Nur das Wesentliche über Ihre Person und Ihre Fähigkeiten soll genannt werden, denn je prägnanter und kürzer der Text für die hervorstechenden Merkmale des Bewerbers wirbt, desto besser.

Beantworten Sie folgende Fragen:

- »Was habe ich zu bieten?« (berufliche Schwerpunkte, fachliche und soziale Kompetenzen, spezielle Qualifikationen und gegebenenfalls Führerschein, Sprach- und PC-Kenntnisse)
- »Wer bin ich?« (Alter, Geschlecht, Mobilität, Ausbildungsabschluss, Titel)
- »Was suche ich?« (gesuchter Arbeitsplatz, angestrebte Position, möglicher Eintrittstermin)

Machen Sie sich bei der Zusammenstellung Ihrer Anzeige folgende Gedanken:

- »Welche Eigenschaften sind für die gesuchte Position besonders wichtig?«
- »Welche Eigenschaften habe ich anderen Bewerbern voraus?«

**TIPP**

Zeitungsannoncen sind Ihnen zu teuer? Dann inserieren Sie (meistens) kostenfrei im Internet bei einer der großen kommerziellen Jobbörsen. Erfolg verspricht dieses Stellengesuch besonders dann, wenn Sie Arbeitgeber aus dem IT-Bereich oder anderen internetnahen Branchen suchen.

## E-Mail-Bewerbung

Das Beispiel der Reiseverkehrskauffrau auf den Seiten 65 bis 66 zeigt Ihnen, wie eine E-Mail-Bewerbung aussehen kann. Neben Gestaltung und Inhalt sind bei dieser Bewerbungsform aber noch einige Dinge zu beachten. Das fängt beim Einrichten der E-Mail-Adresse an: *blondangel@hotmail.com* verrät zwar einiges über Ihre Haarfarbe, wirkt aber auf den Personalentscheider nicht seriös. Besser: *Name.Nachnahme@Provider.de,* beispielsweise *Susanne.Schneider@XYZ.de.*

Eine Faustregel: Werden im Stellenangebot nicht ausdrücklich die vollständigen Unterlagen verlangt, sind E-Mail-Bewerbungen in aller Regel Kurzbewerbungen. Ein ansprechendes Anschreiben und ein gut gestalteter Lebenslauf reichen als Anlagen im E-Mail-Anhang aus. Überhäufen (und nerven) Sie den Adressaten nicht mit einer unübersichtlichen Fülle von Dokumenten und Anhängen. Konzentrieren Sie sich auf das Wesentliche, das Anschreiben und den Lebenslauf. Bieten Sie an, die weiteren Unterlagen (Zeugnisse, Dritte Seite etc.) auf Wunsch nachzureichen.

Über 70 Prozent der Personaler handhaben E-Mail-Bewerbungen wie eine schriftliche Bewerbung. Das heißt im Klartext: Ihr Adressat druckt Ihre E-Mail-Bewerbung aus und legt sie zum Stapel der bereits vorhandenen schriftlichen Bewerbungsmappen. Deshalb sind gut formatierte Anlagen Pflicht.

**Dateiformat**

Mit Word erzeugte DOC-Dateien sind zwar den meisten PC-Benutzern vertraut, haben aber zwei Nachteile. Zum einen bleibt Layout und Formatierung bei der Datenübertragung häufig nicht erhalten. Zum anderen sind diese Dateien anfällig für sogenannte Makroviren.

Garantiert virenfrei sind RTF-Dateien, die auch Formatierungen beibehalten. Wählen Sie dazu in Ihrer Textverarbeitung, z. B. in Word, unter »Datei > Speichern« unter »Dateityp« die Option Rich Text Format (RTF).

Eine professionelle Alternative bieten sogenannte PDF-Dateien (Portable Document Format) der Software-Firma Adobe. PDF ist ein Dateiformat, das alle Schriften, Formatierungen, Farben und Grafiken Ihres Dokuments erhält. Im Geschäftsleben gehört die Software inzwischen zum Standard.

Ihr besonderer Vorteil: Bittet Ihr Ansprechpartner ausdrücklich um Foto, Zeugnisse und andere Anlagen, können Sie die gescannten Dokumente ebenfalls als PDF-Dateien versenden. Probleme beim Öffnen der mehr oder minder großen Anhänge in unterschiedlichen Grafik-Programmen vermeiden Sie auf diese Weise. PDF-Dateien lassen sich auch ohne teure Software direkt aus Word oder mithilfe eines kostenfreien Programms (z. B. FreePDF) erstellen. Auch hier gilt: weniger ist mehr. Schütten Sie den Empfänger nicht mit 20 eingescannten Zeugnissen zu! 1 Seite Anschreiben, 1 bis 2 Seiten Lebenslauf, das letzte, eventuell vorletzte Arbeitszeugnis reichen zunächst. Bieten Sie an, auf Wunsch gerne mehr nachzureichen ...

**TIPP**

Testen Sie, wie Ihre E-Mail ankommt. Richten Sie sich eine zweite E-Mail-Adresse ein und schicken vorab eine Testbewerbung an sich selbst.

**Die gängigsten Formen der E-Mail-Bewerbung**

1. Variante

**E-Mail-Text:** Kurz-Anschreiben ca. 5 Zeilen + Kurz-Lebenslauf maximal 20 Zeilen

2. Variante

**E-Mail-Text** ca. 5–10 Zeilen + **Dateien im Anhang:** Lebenslauf, eventuell das letzte Zeugnis

3. Variante

**E-Mail-Text** ca. 5 Zeilen + **Dateien im Anhang:** Anschreiben, Lebenslauf (eventuell auch 2 Dateien)

4. Variante

**E-Mail-Text** ca. 5 Zeilen + **Dateien im Anhang:** Anschreiben, Lebenslauf, Zeugnisse (maximal in 2 oder 3 Anhänge)

Was zählt, ist nicht so sehr das Anschreiben, weder in der E-Mail selbst noch im Dateianhang. Entscheidend ist Ihr beruflicher Werdegang (Lebenslauf), denn er zeigt, ob Sie für die Tätigkeit infrage kommen. Ihre Arbeits- und Ausbildungszeugnisse sind auch nachgeordnet wichtig. Wenn etwas Bedeutung hat, dann Ihr letztes bzw. vorletztes Arbeitszeugnis (oder auch Zwischenzeugnis). Nicht aber Ihr Schulabschluss vor 15 oder Ihre Ausbildung vor 10 Jahren.

Datei Bearbeiten Ansicht Einfügen Format Extras Tabelle Fenster

An... s.sauter@schneller-reisen.de

Betreff: Meine Bewerbung in Ihrem Reisebüro

Anlagenoptionen...

Sehr geehrte Frau Sauter,

ich bin frischgebackene **Reiseverkehrskauffrau** (23 Jahre alt) und habe davor als erste Ausbildung nach dem Abitur den Abschluss der internationalen Touristikassistentin gemacht.

Ein mehrmonatiger ausbildungsbedingter Aufenthalt in Spanien hat meine Sprach- und Fachkenntnisse stark geprägt. Jetzt möchte ich beweisen, was ich kann … geben Sie mir doch bitte diese Chance.

Auf eine Einladung freue ich mich und grüße Sie

Martina Flathow

Reiseverkehrskauffrau
Gerichtsallee 44
04103 Leipzig
Telefon 0341 5653041
Mobil 0170 9187951

Geboren am 14.04.1985 in Bad Sarow

2004 Abitur Werner-von-Siemens-Gymnasium Leipzig
2004-2006 Ausbildung zur Touristikassistentin
2007 Weiterbildung zur Reiseverkehrskauffrau

Englisch (sehr gut), Französisch (gut), Spanisch (gut)
Umgang mit MS Word, MS Excel, MS PowerPoint
und Anwendungsprogramm Sabre-Merlin

Team- und Führungsfähigkeit
Sport (Cheerleaderin/Teamcaptain)
und Marathonläuferin

## Unser Kommentar

### Variante 1

**Text:** kurz und treffend – direkt in der E-Mail-Maske. In wenigen Zeilen wird hier beim Leser Interesse an der Bewerberin geweckt. Die persönliche Ansprache sorgt ebenfalls dafür, dass dieses Angebot wahrgenommen wird.
**Absenderadresse:** kommt wie bei E-Mails üblich ans Textende. In diesem Beispiel geht es aber noch mit einem Mini-Lebenslauf weiter. Eine sehr gute Idee! Er rundet das positive Bild einer interessanten Bewerberin ab.
**Umfang:** mehr muss nicht sein bei der ersten Kontaktaufnahme. Keine weiteren Anlagen, die eingescannt und mitgeschickt werden müssen. Wichtig jedoch vielleicht noch der Hinweis, dass man gerne mehr an Unterlagen auf Wunsch vorlegt. Vorab oder in der ersten persönlichen Begegnung.

### Variante 2

**Text:** sehr gut! Selbst mit einigen wenigen Zeilen kann es gelingen, eine erste wichtige Botschaft zu vermitteln.
**Anhang:** dafür ist jetzt aber eine Anlage notwendig. In dem beigefügten Anhang befindet sich in einer Datei der Lebenslauf (s.S. 68) und eventuell das letzte Arbeits- oder Ausbildungszeugnis. Möglich wäre auch jeweils eine Extradatei um beide Texte getrennt anzubieten. Sehr viel Sinn macht das aber nicht. Warum also nicht beide Dokumente in einer Datei versenden.

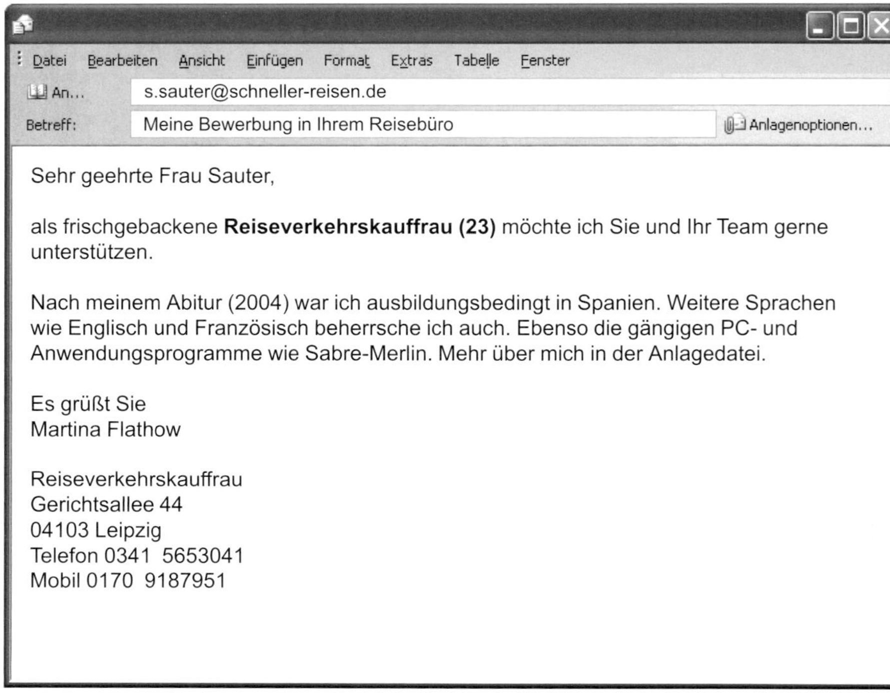
Datei Bearbeiten Ansicht Einfügen Format Extras Tabelle Fenster

An... s.sauter@schneller-reisen.de

Betreff: Meine Bewerbung in Ihrem Reisebüro — Anlagenoptionen...

Sehr geehrte Frau Sauter,

als frischgebackene **Reiseverkehrskauffrau (23)** möchte ich Sie und Ihr Team gerne unterstützen.

Nach meinem Abitur (2004) war ich ausbildungsbedingt in Spanien. Weitere Sprachen wie Englisch und Französisch beherrsche ich auch. Ebenso die gängigen PC- und Anwendungsprogramme wie Sabre-Merlin. Mehr über mich in der Anlagedatei.

Es grüßt Sie
Martina Flathow

Reiseverkehrskauffrau
Gerichtsallee 44
04103 Leipzig
Telefon 0341 5653041
Mobil 0170 9187951

### Variante 3

**Text:** ganz kurzer Text – eine sogenannte Anmoderation.
**Anhang:** als Anlage befinden sich im Anhang zusammen oder getrennt, ein klassisches Anschreiben (s. S. 67) und ein entsprechender Lebenslauf (s. S.68).

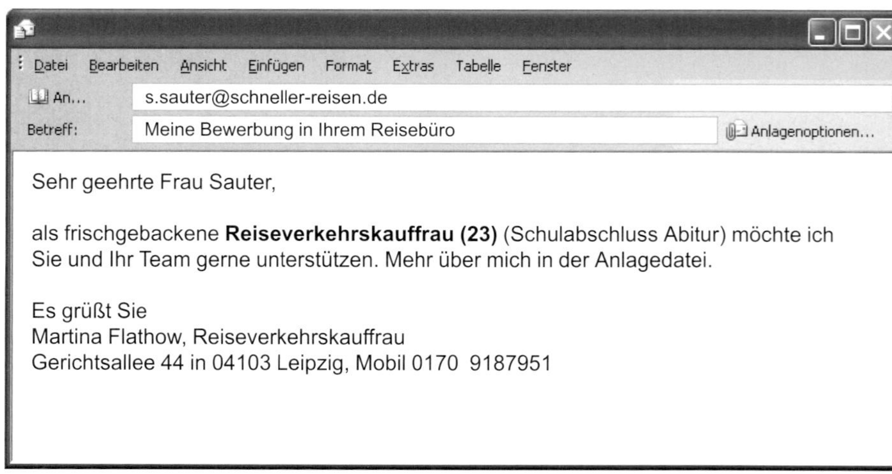
Datei Bearbeiten Ansicht Einfügen Format Extras Tabelle Fenster

An... s.sauter@schneller-reisen.de

Betreff: Meine Bewerbung in Ihrem Reisebüro — Anlagenoptionen...

Sehr geehrte Frau Sauter,

als frischgebackene **Reiseverkehrskauffrau (23)** (Schulabschluss Abitur) möchte ich Sie und Ihr Team gerne unterstützen. Mehr über mich in der Anlagedatei.

Es grüßt Sie
Martina Flathow, Reiseverkehrskauffrau
Gerichtsallee 44 in 04103 Leipzig, Mobil 0170 9187951

**Martina Flathow**
Reiseverkehrskauffrau
Gerichtsallee 44
04103 Leipzig
Telefon 0341 5653041
Mobil 0170 9187951

Schneller Reisen GmbH
Frau Sauter
Promenade 35
01122 Dresden

Leipzig, 01.10.08

**Meine Bewerbung in Ihrem Reisebüro**

Sehr geehrte Frau Sauter,

im Internet bin ich auf Ihre Anzeige gestoßen.

Ich (23) bin frischgebackene **Reiseverkehrskauffrau** und habe davor als erste Ausbildung **nach dem Abitur** den Abschluss der internationalen Touristikassistentin gemacht.

Ein mehrmonatiger ausbildungsbedingter **Aufenthalt in Spanien** hat meine Sprach- und Fachwissenskenntnisse stark geprägt.

Jetzt möchte ich beweisen, was ich kann … geben Sie mir doch bitte diese Chance.

Auf eine Einladung freue ich mich
und grüße Sie aus Leipzig

Anlagen

PS: Privat bin ich sportlich sehr aktiv und **Teamcaptain der Cheerleader** der Leipzig Lions (American Football), also alles andere als eine Couch-Potato …

**Anlage: Anschreiben**

So sieht dann das konventionelle Anschreiben aus, das Sie als Dateianhang beigefügt haben (im Format: Word, RTF oder als PDF). Dafür sind aufwendig gestaltete Lebensläufe über viele Seiten weniger geeignet. Dennoch als RTF oder besser noch als PDF, ist auch das vertretbar.
Hier sehr gut gelungen: die Textfettungen springen sofort ins Auge und machen Sinn. Direkt im Anschluss (also im gleichen Dokument) oder als Extradatei folgt der Lebenslauf.

**PS:** interessant integriert. Ein Hingucker, der für ein sportlich dynamisches Image sorgt. So ein gut formuliertes PS ist immer eine gute Gelegenheit, die Aufmerksamkeit des Lesers zu erlangen.
**Unterschrift:** eingescannt oder auch nur maschinenschriftlich – Sie haben die Wahl, denn beides wird akzeptiert.
**Unsere Empfehlung:** eingescannte original Unterschrift ins Dokument einfügen – das wirkt professionell!

**Anlage: Lebenslauf**

Dieser Lebenslauf ist kaum anders als die Version, die in einer Bewerbungsmappe per Post verschickt wird. Vielleicht versucht man, den Umfang auf dem elektronischen Weg ein wenig kürzer zu halten.

**Aufbau:** klassisch-konservativer, aber nicht langweiliger Aufbau.
**Unterschrift:** eingescannte original Unterschrift – sehr gut!
**Extras:** im Anschluss an den Lebenslauf könnten auch Zeugnisse folgen – im gleichen Dokument oder als Extradatei. Aber nicht zu viele, zwei, drei mehr möchte kein Mensch lesen, für's erste!
**Besonderheit:** Berufsbezeichnung unterhalb des Namens. (Könnte auch daneben platziert sein.) So werden sofort Informationen vermittelt, sehr schön.

# LEBENSLAUF

Martina Flathow
Reiseverkehrskauffrau

Gerichtsallee 44, 04103 Leipzig
Tel: 0341 5653041
Mobil: 0170 9187951

geboren am 14.04.1985 in Bad Sarow
unverheiratet, keine Kinder, ortsungebunden

## Schul- und Berufsausbildung

| | |
|---|---|
| 1992–2004 | Abitur am Werner-von-Siemens-Gymnasium Leipzig |
| 2004–2007 | Ausbildung zur Staatl. Geprüft. Intern. Touristikassistentin an der Berufsfachschule für Wirtschaft in Borna |
| 2008 | Weiterbildung zur Reiseverkehrskauffrau bei der Akademie für Wirtschaft und Verwaltung in Dresden |

## Berufserfahrung

| | |
|---|---|
| 2005 | Praktikum im 5-Sterne-Hotel Melia Sancti Petri in Spanien |
| 2006 | Praktikum im Reisebüro Suntours in Lindenthal/Leipzig |

## Fähigkeiten

Fremdsprachen in Wort und Schrift: Englisch (sehr gut), Französisch (gut), Spanisch (gut)

Computerprogramme: Sabre-Merlin, MS Office

Führerschein Klasse B

Team- und Führungsfähigkeit

## Interessen und Hobbys

Teamcaptain der Cheerleader der American Footballmannschaft Leipzig Lions, Marathonläuferin

Leipzig, 01.10.2008

### Checkliste: E-Mail-Bewerbung

- ✓ Sprechen Sie den Verantwortlichen stets namentlich direkt an. Kennen Sie Ihren Ansprechpartner nicht, bleibt nur der Griff zum Telefon.
- ✓ Serienmails sind als Bewerbung völlig ungeeignet. Formulieren Sie jede E-Mail individuell und beziehen Sie sich klar auf das entsprechende Stellenangebot.
- ✓ Wenn es um eine Initiativbewerbung geht, muss Ihre Motivation und Ihr besonderes Mitarbeitsangebot sehr sorgfältig formuliert sein.
- ✓ Selbstverständlich gelten auch online die üblichen Höflichkeitsformen sowie die deutsche Rechtschreibung und Zeichensetzung.
- ✓ Halten Sie sich im Anschreiben, das Sie in die E-Mail selbst schreiben, mit Formatierungen (fett, kursiv, bunte Hintergründe) zurück. Oft ist das E-Mail-Programm des Empfängers so konfiguriert, dass es Ihre Nachrichten gar nicht in dem Format lesen kann, in dem Sie es abgesendet haben.
- ✓ Einen Kurz-Lebenslauf schreiben Sie besser direkt in die E-Mail. Dies erspart dem Leser einen zweiten Klick auf eine angehängte Datei – und damit Zeit.
- ✓ Wählen Sie bei Anhängen das Datei-Format sorgfältig aus.
- ✓ Tipp: Versenden Sie vorab eine Ihrer E-Mail-Bewerbungen an sich selbst oder einen Freund. So können Sie überprüfen, ob und wie alles beim Empfänger ankommt.

## Bewerbungsformular

Vor allem große Unternehmen bieten mittlerweile Formulare für die Online-Bewerbung auf ihren Webseiten an. Wenn Sie sich online bewerben, wird Ihnen schnell klar, dass diese Bewerbungsformulare Ihnen nicht die gestalterischen und inhaltlichen Möglichkeiten wie eine individuelle Bewerbungsmappe bieten. Bei vielen Bewerbungsformularen sind lediglich vorgefertigte Rubriken auszufüllen, und es ist oft kein oder nicht genügend Freiraum für eigene Formulierungen oder Extrainformationen vorhanden. So besteht vielleicht nicht die Möglichkeit, wichtige Zusatzqualifikationen oder Details Ihres Lebenslaufs zu nennen oder eventuelle Lücken im beruflichen Werdegang zu erklären. Sollte das Formular von einem Computer ausgewertet werden, besteht immer die Gefahr, dass dieser dann wichtige Informationen (Abschluss, Qualifikation, Berufserfahrung, Fremdsprachen-, EDV-Kenntnisse) nach sogenannten K.-o.-Kriterien herausfiltert. So könnte es passieren, dass Sie trotz jahrelanger beruflicher Erfahrung und guten Zeugnissen, aber aufgrund einer fehlenden Qualifikation (z. B. fehlender Abschluss einer Ausbildung, abgebrochenes Hochschulstudium) durch das Raster fallen und nicht zu einem Gespräch eingeladen werden. Lassen Sie sich davon aber nicht entmutigen! Bewerben Sie sich auf dem normalen schriftlichen (Post-)Weg.

# Anlagen, Beigaben, Arbeitsproben

Bitte vergessen Sie nicht: Ihre Bewerbungsunterlagen sind insgesamt eine aussagekräftige erste Arbeitsprobe. Wenn Sie sich bei der Bewerbung Mühe geben, dann – so die Schlussfolgerung des Personalentscheiders – werden Sie sich auch bei der Arbeit Mühe geben. Reagieren Sie schnell auf eine Stellenanzeige oder auf die Bitte, nach einem Telefonat etwas nachzureichen, oder brauchen Sie ewig? Wer viel Zeit vergehen lässt, könnte den Eindruck erwecken, dass er auch andere wichtige Dinge auf die lange Bank schiebt. Das bedeutet aber nicht, gleich am Erscheinungstag der Anzeige zu schreiben oder zu telefonieren. Dadurch könnte der Eindruck entstehen, dass Sie es vielleicht »sehr nötig« haben. Ein paar Tage dürfen Sie also ruhig verstreichen lassen, bevor Sie sich auf eine Anzeige hin melden.

Gut formulierte und strukturierte Bewerbungsunterlagen sprechen für die Klarheit Ihres Denkens. Versenden Sie daher bitte nicht zu viele Anlagen, nur die wichtigsten Dokumente, die Bezug zur angestrebten Position haben, gehören in Ihre Bewerbung.

Bei kreativen und wissenschaftlichen Berufen sind »echte« Arbeitsproben üblich. Werbeleute und Grafiker können beispielsweise auf eine Anzeigenkampagne hinweisen, die sie entworfen haben, Baufachleute auf Bauvorhaben, die sie betreuten. Wissenschaftler fügen eine Publikationsliste, Journalisten ausgewählte Artikel bei.

# Verpackung, Versand und Übergabe

Sie haben alle Unterlagen für Ihre Bewerbung fertiggestellt und auch Ihre Anlagen sorgfältig ausgewählt. Nun geht es darum, alles möglichst ästhetisch zu verpacken und damit bereits äußerlich auf den Inhalt neugierig zu machen. Sehen Sie sich in Ihrem Schreibwarengeschäft bzw. Kopierladen um, welche verschiedenen Arten von Bewerbungsmappen zur Auswahl stehen: edle Mappen, Klemmmappen und Einlegesysteme (z. B. Thermobindesysteme, Vollmappen, Spiralbindesysteme usw.).

**Wichtig:** Warnen möchten wir Sie vor zu viel oder einem falsch verstandenen Perfektionismus! Eine Einlegemappe, in der jedes Dokument einzeln in einer Klarsichthülle präsentiert wird, könnte Ihnen leicht als Zwanghaftigkeit ausgelegt werden. Achten Sie auch auf die Farbauswahl: Rosa z. B. kommt nicht so gut an, Weiß ist neutral, dazwischen gibt es eine große dezent-bunte Farbpalette. Verzichten Sie besser auf starke Muster und alle Arten von schrillen Gags.

Bewerber für besser bezahlte Posten achten auch auf das Material ihrer Präsentationsmappen. Glattes Plastik ist out, natürliche Materialien dagegen sind in. Es gibt inzwischen eine große Auswahl an farbigen und stabilen Pappen. Wer hier etwas Besonderes auswählt, fällt positiv auf.

**Minimalismus mit Konzept**

Es geht auch ganz anders, unabhängig davon, ob Sie sich für einen Job im Büro, im Handwerk oder im Verkauf mit etwa 20.000 Euro bis vielleicht hin zu einem Jahreseinkommen von 35.000 Euro bewerben, Sie dürfen heutzutage Ihre Unterlagen klammern (eine kleine, elegante Klammer und sehr genau platziert oben links, so wie Notare sie verwenden) oder sie sogar nur durch ein gefalztes, etwa 100 $g/m^2$ DIN-A3-Blatt umhüllen (schreiben Sie per Hand etwas auf die Titelseite!). Hintergrund: Zu viele Bewerbungsmappen treffen bei Unternehmen ein und blockieren Platz und Arbeitskräfte.

**Umschlag und äußere Gestaltung**

Kommen wir zur äußeren Verpackung. Ob Sie den klassischen braunen DIN-A4-Umschlag wählen oder besser zu einem weißen mit grauem Papprücken in DIN B5 greifen, macht schon einen Unterschied. Sie können sich auch für einen Versandumschlag in Ihrer Lieblingsfarbe entscheiden und diesen selbst basteln oder eine der vielen Versandtaschen im Fachhandel kaufen. Im klassischen Fall: Das Anschriftenfeld und Ihr Absender müssen mit der gleichen Sorgfalt behandelt werden wie Ihre anderen Unterlagen. Achten Sie auf Ihre Handschrift (Druckbuchstaben!).

Wer keine leserliche Handschrift hat, beschriftet Etiketten (Aufkleber für Adresse und Absender) besser mit der Schreibmaschine oder dem PC.

**Versand**
Der klassische Weg ist der über die Postzustellung. Achten Sie darauf, die Briefmarken sorgfältig aufzukleben. Überlassen Sie das besser nicht einem gestressten Schalterbeamten. Nehmen Sie wenn möglich Sonderbriefmarken und frankieren Sie richtig! Nichts ist ärgerlicher, als wenn Ihr Adressat (Straf-)Porto nachzahlen muss oder er die Annahme verweigert und der Brief postwendend an Sie zurückkommt.

Und: Wählen Sie keine Postsonderzustellung, (wie z. B. Einschreiben, Eilzustellung oder Wertbrief). Das könnte zwanghaft und drängelnd wirken.

**TIPP**

Wenn Sie am Ort Ihrer Bewerbung bzw. in der Nähe wohnen, haben Sie eine weitere Möglichkeit: Geben Sie Ihre Bewerbungsunterlagen persönlich ab! Fragen Sie sich im Betrieb oder Unternehmen bis zur richtigen Stelle durch. Nutzen Sie die Gelegenheit für ein nettes Gespräch mit der Sekretärin. Und: Bitten Sie um einen kurzen Gesprächstermin zur persönlichen Übergabe, keine zwei Minuten, gegebenenfalls bieten Sie an zu warten, bis der Personalentscheider sein Meeting etc. beendet hat (bieten Sie eventuell an wiederzukommen, falls es zu lange dauert). Richtig genutzt, bieten die persönliche Übergabe und ein kleines Gespräch eine tolle Chance.

**Wichtig:** Bevor Sie die Bewerbungsunterlagen versenden, kopieren Sie sie einmal. So haben Sie alle Details gleich griffbereit, falls Sie dazu angerufen werden. Und: Nehmen Sie die Unterlagen auch zum Vorstellungsgespräch mit; so wissen Sie gleich, welche Daten Ihr Gegenüber vorliegen hat.

**Hanna Hensel**
Sekretariatsfachkraft
Am Osterberg 7
14469 Potsdam
Tel. 0330/1234566
E-Mail hensel@gmx.de

Schader Finanz & Boden Management GmbH
Herrn Schmidt
Kurfürstendamm 100
10707 Berlin

Potsdam, 30. November 2008

**Sekretärin, 30 Jahre, mit langjähriger Berufserfahrung, sucht zum 1. Januar 2009 aktive, anspruchsvolle Mitarbeit in Ihrer Immobilien-Management-Firma**

Sehr geehrter Herr Schmidt,

Ihre Sekretärin Frau Löffler sagte mir heute in einem Telefongespräch, dass Sie in Potsdam eine Niederlassung Ihres Unternehmens planen. Mir ist Ihre Firma aus meiner Zeit in Wiesbaden ein Begriff, denn ich hatte durch meine damalige Tätigkeit Kontakte zu Ihrer dortigen Niederlassung.

Sehr gern würde ich den Aufbau Ihrer Firma in Potsdam durch meine engagierte und aktive Mitarbeit voranbringen. Aufgrund meiner Tätigkeit bei Müller Immobilien OHG in Berlin bringe ich fundierte Erfahrungen als Sekretärin des Projektleiters im Immobilien-Management mit.

Ferner strebe ich aus persönlichen Gründen eine Arbeitsstelle in Potsdam an.

Es würde mich sehr freuen, wenn Sie mich nach Prüfung meiner Bewerbungsunterlagen zu einem Vorstellungsgespräch einladen.

Mit freundlichen Grüßen nach Berlin

Anlage: Bewerbungsmappe

**Unser Kommentar**

**Absenderblock:** schlicht, aber gelungen gestaltet und enthält alle wichtigen Informationen.
**Anschreiben:** ein gut getextetes Initiativanschreiben in ansprechendem Design. Der interessante, dreizeilige Betreff ist wirkungsvoll und erweckt Aufmerksamkeit.
**Grußformel:** ist außergewöhnlich und rundet das gelungene Schreiben sympathisch ab.

**Deckblatt:** baut Spannung auf und erzeugt Aufmerksamkeit. Was für eine Seite! Nur Mut. Ihr Textverarbeitungssystem macht so eine außergewöhnliche Gestaltung wenigen Klicks möglich.

Bewerbung als Sekretärin

bei der Schader Finanz & Boden Management GmbH

Ich stelle mich Ihnen vor

**Hanna Hensel**

**Sekretariatsfachkraft**
geboren am 2. November 1975
in Northausen
verheiratet, 1 Kind

## Meine Einstellung zu meiner Arbeit

Sekretariatsarbeiten, ergänzt durch verschiedene spezifische Sachaufgaben, das Organisieren und die Zusammenarbeit mit Menschen bereiten mir stets sehr große Freude.

Meine Arbeitsweise zeichnet sich durch ausgeprägte Leistungsbereitschaft und einen hohen Leistungsanspruch an mich selbst aus. Zuverlässigkeit sowie Verantwortungsbewusstsein sind für mich selbstverständlich.

Eigenständiges Arbeiten ist für mich selbstverständlich, ich habe aber auch großen Spaß daran, mich in ein kollegiales Team erfolgreich einzubringen.

Ich freue mich, wenn ich erlebe, wie mein Engagement zum Firmenerfolg beiträgt. Das gibt mir Bestätigung und Zufriedenheit.

**Einleitungsseite:** im Mittelpunkt steht ein Foto der Bewerberin und ein Textblock dessen Überschrift den Wunsch verstärkt, diese Informationen aufmerksam zu lesen.
Der rechts platzierte senkrecht stehende Text setzt fort, was mit dem Deckblatt begann und gibt das Thema der Seite an.
Idee und Konzept sind bewundernswert und auch die textliche Ausführung ist gut.
Da freut man sich mit Spannung, wie es weiter geht ...

**Dritte Seite:** kurz und prägnant wird aufgelistet, was die Bewerberin an Positivem anzubieten hat. In neun Punkten erfährt der Leser eine bemerkenswerte Auflistung an Joberfahrung – immer auch unter Berücksichtigung der KLP-Faktoren (s. S. 5). Am Ende noch eine ganz wichtige P-Botschaft (Persönliches, Emotionales). Sehr gut!

## Meine persönlichen Stärken

- sichere Handhabung von modernen Bürokommunikationstechniken
- fit in der Anwendung von Textverarbeitung, Tabellenkalkulation und der Datenbank Access
- schnelle Auffassungsgabe und Einarbeitung in neue Arbeitsbereiche
- sicheres Auftreten und freundliche, verbindliche Umgangsformen im persönlichen und telefonischen Kundenkontakt
- ausgeprägtes Bewusstsein für den Umgang mit Zeit mit dem Effekt einer effizienten Organisation von Arbeitsabläufen
- große Sorgfalt und Präzision in der täglichen Arbeit
- langjährige Erfahrung in der Vorbereitung von Besprechungen, Sitzungen und Reisen
- sichere Aufnahme und Anfertigung von Protokollen
- und nicht zuletzt viel Spaß und Freude an meiner Arbeit

Was ich Ihnen zu bieten habe

Lebenslauf (1)

## Berufstätigkeit

| | |
|---|---|
| seit 1/2008 | *Baumann AG, Berlin*<br>Abteilung Werbung und Marketing<br>**Sekretärin des Abteilungsleiters**<br>• Koordination der Werbeaktivitäten, auch mit externen Agenturen<br>• Verantwortung für die Mediaplanung und Anzeigenkontrolle<br>• Mitwirkung bei der Vorbereitung von Werbespots |
| 7/2007 | Geburt meiner Tochter Jasmin |
| 4/2003–6/2007 | *Müller Immobilien OHG, Berlin*<br>**Sekretärin der Projektleiter**<br>• allgemeine Sekretariatsaufgaben<br>• Unterstützung der Projektleiter bei der Bearbeitung der betreuten Immobilienprojekte |
| 4/2001–3/2003 | *Cassisa Arzneimittel GmbH, Wiesbaden*<br>**Sekretärin für die Außendienstleitung**<br>• allgemeine Sekretariatsaufgaben<br>• Übernahme der Terminkoordination<br>• Reiseplanung<br>• Ansprechpartnerin aller Außendienstmitarbeiter |
| 4/1997–3/2001 | *H. Heinrich GmbH, Wiesbaden*<br>**Vertriebssekretärin für Bauträger**<br>• selbstständige Erledigung der gesamten Korrespondenz<br>• Organisation des Vertriebs<br>• Vorbereitung von Prospekten |
| 8/1995–8/1996 | *Möbel Welle GmbH, Wiesbaden*<br>**Kaufmännische Allroundkraft in den Bereichen:**<br>• Büroorganisation<br>• betriebliches Rechnungswesen<br>• Lohnbuchhaltung<br>• Wareneingang und -ausgang<br>• Kunden- und Lieferantendatei |

**Lebenslauf:** die Berufsstationen sind ordentlich aufgeführt und die Tätigkeitsmerkmale ausführlich beschrieben. Mittendrin die Geburt einer Tochter.
Eine bemerkenswerte und damit auch vorbildliche Selbstdarstellung, weil sie von sehr viel Selbstbewusstsein zeugt.
**Fazit:** klares Layout, das mit kursiver, fetter und normaler Schrift eine beeindruckende optische Wirkung beim Leser erzielt.

**Lebenslauf:** alle schon auf Seite 77 beschriebenen und kommentierten Punkte setzen sich auch auf der zweiten Lebenslaufseite fort.

Lebenslauf (2)

## Fortbildung

| | |
|---|---|
| Laufend | Vervollständigung meiner EDV-Kenntnisse im Selbststudium |
| 3/2006–4/2006 | Didactica Schule, Berlin<br>Seminar »Telefontraining« |
| 3/2005–6/2005 | VHS Schöneberg, Berlin<br>PC-Kurs MS Excel, Aufbaukurs |
| 10/2003–2/2004 | VHS Schöneberg, Berlin<br>PC-Kurs MS Excel, Grundkurs |
| 3/2003–5/2003 | Didactica Schule, Berlin<br>Seminar »Zeitmanagement« |
| 3/2002–8/2002 | PC-Kolleg Wiesbaden<br>Grund- u. Aufbaukurs MS Word für Windows |
| 6/1999–7/1999 | Benedict School, Wiesbaden<br>Französisch, Kurs für Fortgeschrittene |
| 3/1998 | Benedict School, Wiesbaden<br>Englisch, Kurs für Fortgeschrittene |

## Berufsausbildung

| | |
|---|---|
| 9/1996–3/1997 | *Sekretärinnen-Schule in Wiesbaden*<br>**Ausbildung zur Sekretärin**<br>• Prüfung durch die IHK in Wiesbaden<br>• Abschluss: Note gut |
| 8/1992–7/1995 | *Möbel Welle GmbH, Wiesbaden*<br>**Ausbildung zur Bürokauffrau**<br>• Prüfung durch die IHK in Wiesbaden<br>• Abschluss: Note gut |

Lebenslauf (3)

## Schulausbildung

| | |
|---|---|
| 1982–1992 | Grund- und Realschule in Northausen<br>Abschluss: Mittlere Reife |

## Sonstige Kenntnisse

| | |
|---|---|
| EDV | • MS Word für Windows,<br>• MS Excel für Windows,<br>• MS Access für Windows,<br>• Corel Draw |
| Führerschein | Klasse B |
| Sprachen | • Englisch und Französisch fließend in Wort und Schrift<br>• Italienisch gute Grundkenntnisse |
| Hobbys | Reisen, italienische Küche, Seidenmalerei |

30. November 2008

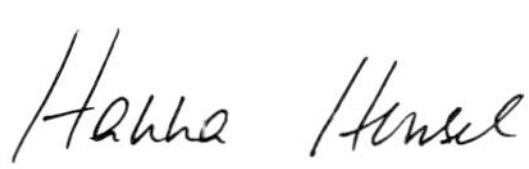

**Lebenslauf:** viel Platz und weiße Fläche und daher angenehm zu lesen. Datum und Unterschrift sind korrekt platziert.

**Anlagenverzeichnis:** rundet diese sehr beeindruckende Bewerbung perfekt ab.
Sehr schön layoutet, vermittelt die Übersicht mit welchen Dokumenten die Bewerberin den Empfänger Ihrer Unterlagen jetzt überzeugen wird. Wenn die drei Abteilungen noch durch farbige Zwischenblätter schneller aufzufinden sind, ist die Organisation der Unterlagen nahezu vollkommen.
Darüber hinaus vermittelt dieses Verzeichnis auch sehr deutlich, dass die Bewerberin nachweislich (schwarz auf weiß) etwas zu bieten hat …

Anlagen

## Arbeitszeugnisse

- Baumann AG, Berlin
- Müller Immobilien OHG, Berlin
- Cassisa Arzneimittel GmbH, Wiesbaden
- H. Heinrich GmbH, Wiesbaden
- Möbel Welle GmbH, Wiesbaden

## Arbeitszeugnisse

- IHK Wiesbaden
  Ausbildung zur Sekretärin
- IHK Wiesbaden
  Ausbildung zur Bürokauffrau

## Weiterbildungszeugnisse

- Didactica Schule, Berlin
  Seminar »Telefontraining«
- VHS Schöneberg, Berlin
  PC-Kurs MS Excel, Aufbaukurs
- VHS Schöneberg, Berlin
  PC-Kurs MS Excel, Grundkurs
- Didactica Schule, Berlin
  Seminar »Zeitmanagement«
- PC-Kolleg Wiesbaden
  Grund- u. Aufbaukurs MS Word für Windows
- Benedict School, Wiesbaden
  Französisch, Kurs für Fortgeschrittene
- Benedict School, Wiesbaden
  Englisch, Kurs für Fortgeschrittene

Florian Held - Verkehrsfachwirt - Speditionskaufmann

Friesengasse 5 27669 Kurstadt Mobil: 0177 332289 E-Mail: florian.held@web.de

Nahrungsmittel-Logistik Nord
Personalleiterin
Frau Ehrenheim
PF 4712
27580 Bremerhaven

Kurstadt, 11.11.08

**Bewerbung als Assistent der Speditionsleitung**
**Ihre Anzeige im Bremer Morgenblatt vom 03.11.08**

Sehr geehrte Frau Ehrenheim,

das Telefonat am 06.11.08 mit Frau Linke hat mir bestätigt, dass mich das ausgeschriebene Aufgabenfeld besonders reizt: Es entspricht meinem Qualifikationsprofil, Erfahrungshorizont und meiner Vorstellung.

Zu meinem beruflichen Hintergrund: Ich bin gelernter, erfahrener Speditionskaufmann und geprüfter Verkehrsfachwirt. Aus meiner Praxis als qualifizierter Mitarbeiter zweier Speditionen, zeitweilig in leitender Stellung, sind mir Leistungserstellung und Auftragsabwicklung sowie Kennzahlen bestens vertraut. Als Ausbilder gehörte Personalführung zu meinem Aufgabenspektrum, daher habe ich mich auch mit personalwirtschaftlichen Steuerungsinstrumenten befasst. Ich gewinne schnell das Vertrauen von Auszubildenden und neuen Mitarbeitern. Was mich noch auszeichnet: Ich habe ein sicheres Gefühl für logistische Schwachstellen.

Für die Position stehe ich ab Januar zur Verfügung. Meine Gehaltsvorstellungen erläutere ich Ihnen gern in einem persönlichen Gespräch.

Mit freundlichen Grüßen

Florian Held

Anlagen

**Unser Kommentar**

**Absender:** ist angenehm gestaltet und enthält alle wichtigen Informationen. Sehr gut sind die zusätzlichen Angaben »Verkehrsfachwirt« und »Speditionskaufmann«.
**Empfänger:** wird namentlich genannt. So soll es sein!
**Ort/Datum:** sind richtig platziert.
**Betreffzeile:** gut getextet. Sie erregt durch die mittige Platzierung besonderes Interesse.
**Anrede:** ist namentlich, wie im Empfängerfeld. Sehr gut!
**Inhalt:** guter Einstieg. Erst wird auf das Vorabtelefonat eingegangen und anschließend folgen ausführliche Hintergrundinformationen. Eine gelungene Kurzvorstellung.
**Absätze:** sind gut strukturiert. Ein Hauptabsatz, der alle wichtigen Angaben zum beruflichen Hintergrund beinhaltet.
**Länge:** ist angenehm. Die Seite ist nicht zu voll und daher übersichtlich.
**Unterschrift:** genau so ist es richtig!
**Anlagen:** allein das Wort »Anlagen« reicht aus.
**Gestaltung:** übersichtlich und ansprechend.

**Deckblatt:** ordentliche Titelseite mit allen wichtigen Informationen.
Ein Foto hätte auch noch eingefügt werden können.

Florian Held - Verkehrsfachwirt - Speditionskaufmann

Friesengasse 5  27669 Kurstadt  Mobil: 0177 332289  E-Mail: florian.held@web.de

**BEWERBUNGSUNTERLAGEN**

für
Frau Ehrenheim
Nahrungsmittel-Logistik Nord

**Bewerbung als Assistent der Speditionsleitung**

Florian Held - Verkehrsfachwirt - Speditionskaufmann

Friesengasse 5 27669 Kurstadt Mobil: 0177 332289 E-Mail: florian.held@web.de

**Beruflicher Werdegang**

***Persönliche Daten***

Florian Held
geb. 01.10.1970 in Bremervörde
verheiratet, 3 Kinder

**Angestrebte Position: Assistent des Speditionsleiters**

| | |
|---|---|
| | ***Schulausbildung*** |
| 1976 – 1980 | Schwarzmoor-Grundschule, Bremervörde |
| 1980 – 1986 | Otto-Braun-Realschule, Bremervörde, mit erfolgreichem Realschulabschluss |
| | ***Berufsausbildung*** |
| 1987 – 1990 | Ausbildung als Speditionskaufmann Spedition Höfer, Nordenham |

**Aufbau:** von der Vergangenheit zum Jetzt. Eine eher klassische Vorgehensweise, wobei das Foto und die fette Zwischenüberschrift mit Angabe der angestrebten Position davon deutlich abweichen.
**Foto:** schon etwas Besonderes, da der Leser sehr direkt angeschaut wird.
**Auffallend:** ist die Zeile »Angestrebte Position«.

**Aufbau:** eine angemessene Darstellung zweier Berufsstationen, die zeitlich wieder von der Vergangenheit zum Jetzt angeordnet sind. Auch die folgenden Abschnitte »Arbeitspraxis« und »Fortbildungen« sind geschickt gewählt, denn so gewinnt der Leser auf einer Seite einen guten Überblick über die berufliche Qualifikation des Bewerbers.

Florian Held - Verkehrsfachwirt - Speditionskaufmann

Friesengasse 5 27669 Kurstadt Mobil: 0177 332289 E-Mail: florian.held@web.de

***Berufspraxis***

| | |
|---|---|
| Jan. 1992 – Okt. 1999 | Spedition Schulze & Söhne, Bremerhaven<br>Tätigkeit als Sachbearbeiter, Vorarbeiter und Hallenmeister mit den Schwerpunkten:<br>– Beschaffungsmarkt: Lagerung, Umschlag, Nebenleistungen<br>– Anleitung von Auszubildenden und neuen Mitarbeitern |
| Nov. 1999 – Febr. 2008 | Spedition Trommer, Bremerhaven<br>Tätigkeit als Schichtleiter mit Verantwortung für 4 Mitarbeiter, Hallenmeister mit Verantwortung für 12 Mitarbeiter mit den Schwerpunkten:<br>– Einteilung des Personals zur Be- und Entladung der Fahrzeuge des Bezirks- und Fernverkehrs, insbesondere leicht verderblicher Güter<br>– Anleitung von Auszubildenden und neuen Mitarbeitern, vor allem in den Bereichen Warenkunde, Kundeninformationen und PC-Programme |

***Arbeitspraxis***

| | |
|---|---|
| 1991 | Aushilfstätigkeit in Kfz-Werkstatt Franke, Bremervörde |

***Fortbildungen***

| | |
|---|---|
| 1996 | Aufbaukurs MS Word und Excel |
| 1999 | Aufbaukurs Business-Englisch |
| 2001 | Workshop Personalführung |
| 2003 | Kurs Rechtsgrundlagen für Spediteure |
| Juni 2005 – Okt. 2006 | Geprüfter Verkehrsfachwirt, Fachrichtung Güterverkehr<br>Deutsche Außenhandels- und Verkehrs-Akademie, Bremen, mit Prüfung vor der IHK Bremen |

Florian Held - Verkehrsfachwirt - Speditionskaufmann

Friesengasse 5 27369 Kurstadt Mobil: 0177 332289 E-Mail: florian.held@web.de

***Sonstiges und Interessen***

| | |
|---|---|
| 1990/1991 | Wehrdienst in Emden |
| seit März 2008 | private Auszeit mit Regenerationsphase |
| | Orientierungsphase sowie Aktualisierung und Erweiterung meiner PC-Kenntnisse im Selbststudium |

***Engagement***

Intensives Engagement als Trainer einer Handballmannschaft

***Kenntnisse und Fähigkeiten***

Fremdsprachen: Englisch gut in Wort und Schrift

EDV: MS Office mit Access und alle einschlägigen Programme aus dem Speditionsbereich

Führerschein Klasse C und B

Kurstadt, 11. November 2008

Florian Held

**Aufbau:** ist gut durchdacht. Nach dem Abschnitt »Sonstiges«, in dem auch die private Auszeit genannt wird, folgen Angaben zum sportlichen Engagement des Bewerbers und abschließend wird der Lebenslauf durch eine Aufzählung besonderer Kenntnisse und Fähigkeiten abgerundet.
**Unterschrift:** mit Vor- und Zuname. Genau so ist es richtig!

**Dritte Seite:** ein ordentlich formulierter Text, übersichtlich in drei Absätze gegliedert unterstreicht die Motivation des Bewerbers. Im ersten Absatz werden die Schlüsselbegriffe »Qualifikationsprofil«, »Erfahrungshorizont« und »Vorstellung«, die auch in der Einleitung des Anschreibens genannt wurden, wieder aufgegriffen. Bravo! Dies rundet die Bewerbung sehr schön ab.
Auch hier auf dieser Seite hätte Florian Held unterschreiben können, um der Seite eine noch persönlichere Note zu verleihen.

Florian Held - Verkehrsfachwirt - Speditionskaufmann

Friesengasse 5 27669 Kurstadt Mobil: 0177 332289 E-Mail: florian.held@web.de

***Warum mich das Aufgabenfeld reizt ...***

Die Weiterbildung zum Verkehrsfachwirt war die konsequente Fortsetzung meiner Ausbildung zum Speditionskaufmann: Ich habe mir einen Traum erfüllt und viel dazugelernt. Jetzt bin ich qualifiziert dafür, auf der planerischen Ebene zu arbeiten.

Als langjähriger Mitarbeiter von Speditionen, zeitweilig auch als Führungskraft mit Personalverantwortung, habe ich einen vielseitigen Erfahrungshorizont. Daher kann ich die Hintergründe strategischer Sach- und Personalentscheidungen gut einschätzen. Als Berufspraktiker trete ich der Hektik des Alltagsgeschäfts mit logischem Denken und Besonnenheit entgegen.

Zu meiner Vorstellung einer erfüllenden Tätigkeit gehört, innerhalb eines gewissen Rahmens selbstständig zu arbeiten. Mit großem Engagement und Initiative bewältige ich die mir gestellten Aufgaben. Ich freue mich über Anerkennung, gewinne Zufriedenheit aber auch durch das unausgesprochene Vertrauen und die Wertschätzung, die mir entgegengebracht werden.

Florian Held - Verkehrsfachwirt - Speditionskaufmann

Friesengasse 5 27669 Kurstadt Mobil: 0177 332289 E-Mail: florian.held@web.de

## Zeugnisse und Zertifikate

***Aus- und Fortbildung***

Prüfungszeugnis der IHK Bremen, Ausbildung als Speditionskaufmann

Zertifikat der IHK Bremen, Workshop Personalführung

Zertifikat der IHK Bremen, Rechtsgrundlagen für Spediteure

Prüfungszeugnis der IHK Bremen, Fortbildung zum Gepr. Verkehrsfachwirt

***Berufspraxis***

Arbeitszeugnis der Kfz-Werkstatt Franke, Bremervörde

Arbeitszeugnis der Spedition Höfer, Nordenham

Arbeitszeugnis der Spedition Trommer, Bremerhaven

***Referenzen***

Fritz Vahrenberg von der Spedition Trommer, Bremerhaven, steht als Referenzgeber zur Verfügung. Sie erreichen ihn telefonisch unter 0471 786543. Die Firmenanschrift finden Sie im Arbeitszeugnis.

**Anlagenverzeichnis:** eine interessante Seite, die einem Anlageverzeichnis (beinahe) entspricht, aber auch noch zusätzlich zu den Zeugnissen mit der Angabe eines persönlichen Referenzgebers positiv auffällt.

# Was Sie sonst noch wissen sollten

**Wir sind nicht auf der Welt, um so zu sein, wie andere uns haben wollen**

Das Autorenteam Hesse/Schrader ist seit über 25 Jahren auf dem Sektor der Bewerbungsratgeber sowie zu weiteren Themen aus der Arbeitswelt publizistisch tätig und hat im Laufe dieser Zeit mehr als 150 Bücher veröffentlicht. Am Anfang stand die erstmalige Veröffentlichung aller gängigen sogenannten Intelligenztests und deren kritische Reflexion in dem Buch *Testtraining für Ausbildungsplatzsuchende* (1985). Ebenfalls Neuland zum Bereich »Überleben in der Arbeitswelt« erschloss ihr Buch *Die Neurosen der Chefs – die seelischen Kosten der Karriere* (1994).

Von besonderem Interesse für den Leser dieses Buches dürfte auch der Titel *Das 1x1 des erfolgreichen Vorstellungsgesprächs* sein und die Reihe »Die perfekte Bewerbungsmappe« – Bücher im DIN-A4-Format, die zahlreiche Beispiele im Originalformat zeigen und auf die unterschiedlichen Situationen von Bewerbergruppen (Azubis, Hochschulabsolventen, Führungskräfte) eingehen. Auch die Bücher *Was steckt wirklich in mir? Der Potenzialanalyse-Test* behandeln Themen, die Bewerbungsvorhaben innovativ unterstützen. Weitere sehr hilfreiche Bücher sind *Die Praxismappe für das perfekte Arbeitszeugnis* (ebenfalls im DIN-A4-Format) und *Neue Wege der Bewerbung*.

Beide Autoren verfügen über eine langjährige Erfahrung als Seminarleiter bei Bewerbungstrainings und in der individuellen Einzelberatung.

1992 gründeten sie in Berlin das *Büro für Berufsstrategie*, das ausschließlich Arbeitnehmer in allen erdenklichen beruflichen Fragen berät und unterstützt. Mehr als 20 Jahre Buchpublikationen und über 15 Jahre tägliche Beratungsarbeit mit Kandidatinnen und Kandidaten, die das *Büro für Berufsstrategie* aufsuchen, zeichnen die Autoren als kompetent und praxiserfahren aus.

Wenn Sie persönliche Anregungen wünschen, Rat und Unterstützung brauchen, wenden Sie sich bitte an das *Büro für Berufsstrategie*:

Büro für Berufsstrategie
Hesse/Schrader
Oranienburger Straße 4–5
10178 Berlin
Tel.: (0 30) 28 88 57-0
Fax: (0 30) 28 88 57-36
www.berufsstrategie.de

Bitte beachten Sie auch unsere Büros in Frankfurt, Stuttgart, Hamburg und München.

# Stichwortverzeichnis